国家"双高计划"建筑钢结构工程技术专业群成果教材

高等职业教育土建类"十四五"系列教材

GONGCHENG

JIESUAN

工程结算

U0279007

主　编◎汪　玲

副主编◎程志雄　王　强

电子课件
（仅限教师）

华中科技大学出版社

http://press.hust.edu.cn

中国·武汉

图书在版编目(CIP)数据

工程结算/汪玲主编.—武汉：华中科技大学出版社,2023.5
ISBN 978-7-5680-9461-0

Ⅰ.①工…　Ⅱ.①汪…　Ⅲ.①建筑经济定额-高等职业教育-教材　Ⅳ.①TU723.3

中国国家版本馆 CIP 数据核字(2023)第 089253 号

工程结算
Gongcheng Jiesuan

汪玲　主编

策划编辑：康　序
责任编辑：李曜男
封面设计：孢　子
责任监印：朱　玢
出版发行：华中科技大学出版社(中国·武汉)　　电话：(027)81321913
　　　　　武汉市东湖新技术开发区华工科技园　　邮编：430223
录　　排：武汉正风天下文化传播有限公司
印　　刷：武汉市洪林印务有限公司
开　　本：787mm×1092mm　1/16
印　　张：9
字　　数：230 千字
版　　次：2023 年 5 月第 1 版第 1 次印刷
定　　价：45.00 元

工程价款结算贯穿建设工程施工的全过程，是合理使用资金、控制工程造价的重要步骤。影响工程价款结算的因素较多，涉及工程施工技术、法律法规、工程经济、工程造价等多方面。工程价款结算对工程造价人员的要求极高。

《高等职业学校专业教学标准（2018 年）》将工程结算列为工程造价专业的核心课程，其目的是让学生在今后的工作岗位中能进行进度款结算，能编制工程结算报表，能对工程结算、竣工结算进行审核。为达成上述目的，本书参照《建设工程工程量清单计价规范》（GB 50500—2013）、《建设工程价款结算暂行办法》等，结合实际工程价款结算案例，系统、全面地讲述合同价款的调整方法、工程结算程序、工程结算争议解决方法、工程结算的编制和审核等与工程价款结算相关的主要内容。

本书根据高职院校教学实际，按照"理论够用、技能为主、思政过硬"的原则，在帮助学生掌握课程基本理论知识的基础上，注重对学生岗位技能的培养和对造价工程师职业道德的渗透，充分体现了就业岗位对知识、技能、素质的要求，能适应高等教育改革的需要。本书案例丰富，既有针对知识点的各类小案例，又有校企合作单位提供的基于实际工程的期中结算和竣工结算综合案例，让学生从实际工程案例中体验工程价款结算的方法、过程。

本书的重要知识点和实际工程结算案例均可通过扫描二维码的方式获取，方便教师教学和学生课后学习。本书具有较强的针对性、实用性和可读性，可作为高等职业院校工程造价专业的教材，也可作为在职职工的岗位培训资料，还可作为建筑企业管理人员、项目管理人员进修的参考书。

本书由黄冈职业技术学院汪玲任主编，黄冈职业技术学院程志雄、安徽水利水电职业技术学院王强任副主编。编写的具体分工如下：周艳红编写模块一，汪玲编写模块二，程志雄编写模块三，王强编写模块四，李班编写模块五，成如刚编写模块六。全书由汪玲统稿。

为了方便教学，本书还配有电子课件等资料，任课教师可以发邮件至husttujian@163.com 索取。

本书在编写过程中参考了很多书籍，在此向其作者致以衷心的感谢。同时，对为本书付出辛勤劳动的编辑同志表示真诚的谢意！由于编者水平有限，书中的不足之处在所难免，恳请读者、同行和专家批评指正。

编　　者

2023 年 6 月

目录
Contents

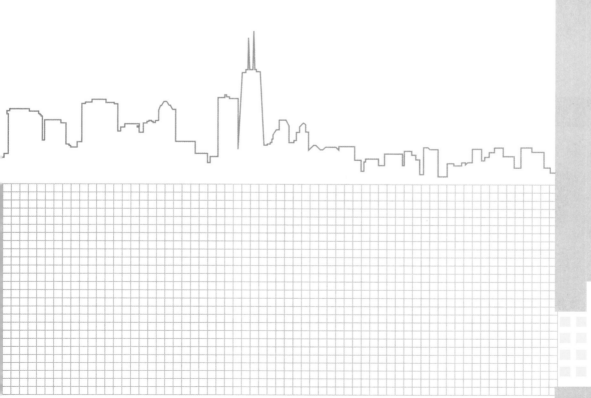

模块一

工程结算概述

GONGCHENG JIESUAN GAISHU

内容提要

　　工程结算是在工程施工过程中,发承包双方依据招投标文件、施工合同及相关法规规范等,展开的一系列收、支价款的经济活动。这些经济活动包括工程预付款、工程进度款、竣工结算等。工程竣工结算是指承包人按照合同规定,全部完成承包的工程内容,经质量验收合格,并符合合同要求之后,根据施工实施过程中实际发生的变更情况,对原施工图预算工程造价或工程承包价进行调整、修正,重新确定工程造价,按照承包合同结算条款及相关文件向发包人办理工程价款清算的经济活动。本部分重点需要掌握的内容是工程结算的定义、竣工结算与竣工决算的联系与区别、工程结算的方式。

知识目标

1. 了解工程结算的定义。
2. 认识到工程结算的重要性。
3. 掌握工程竣工结算与竣工决算的联系与区别。

素质目标

1. 培养学生干一行爱一行、爱一行钻一行,爱岗敬业的工作态度。
2. 培养学生养成良好的学习习惯,贯彻终身学习的教育思想。
3. 培养学生严格遵守职业道德规范的思想意识。

任务1　工程结算的定义

**工程结算的
定义与作用**

　　工程结算是指承包方根据招投标文件、签订的合同(含补充协议)、已完工程量、工程变更与索赔等资料向建设单位办理工程价款清算的经济活动,既包含工程预付款、工程进度款,又包含全部工程竣工验收后进行的竣工结算。

　　【注意】　竣工结算是指工程项目完工并经建设单位及有关部门竣工验收合格后,发承包双方按照施工合同的约定对完成的工程项目进行工程价款的计算、调整和确认。竣工结算价款是合同工程的最终造价。竣工结算一般由承包商的造价部门将施工过程中与原设计方案产生变化的部分与原合同价逐项进行调整计算,并经建设单位核算签署后,由发承包单位共同办理竣工结算手续,进行竣工结算。竣工结算意味着发承包双方经济关系的结束。

　　竣工决算是指项目竣工后,建设单位在竣工验收交付使用阶段编制的反映竣工项目从筹建开始到项目竣工交付使用为止的全部实际支出费用的经济性文件。竣工决算是建设单位财务及有关部门以竣工结算等资料为基础,编制的反映项目实际造价和投资效果的文件,竣工决算是正确核定新增固定资产价值、考核分析投资效果、建立健全经济责任制度的依据，是反映建设项目实际造价和投资效果的财务管理活动。

任务2　工程结算的作用

工程结算是工程项目承包中的一项十分重要的工作，直接关系到建设单位和施工单位的切身利益，主要表现为以下几个方面。

（1）竣工结算是确定工程最终造价，以及建设单位和施工单位办理结算价款的依据，是了结建设单位、施工单位合同关系和经济责任的依据。

（2）竣工结算为承包商确定工程最终收入，是承包商经济核算和考核工程成本的依据。施工单位可以尽快、尽早地结算工程款、偿还债务和资金回笼，降低内部运营成本，通过加速资金周转，提高资金的使用效率。

（3）工程价款结算是考核经济效益的重要指标。对于施工单位来说，只有工程款如数结清，才意味着避免了经营风险，施工单位才能获得相应的利润，进而达到良好的经济效益。

（4）竣工结算反映建筑安装工程工作量和实物量的实际完成情况，是业主编报项目竣工决算的依据。

（5）竣工结算反映建筑安装工程实际造价，是编制概算定额、概算指标的基础资料。

（6）竣工结算是修订概（预）算定额和降低建设成本的重要依据。因为竣工结算反映了竣工项目实际物化劳动消耗和活劳动消耗的数量，为总结基本建设经验、积累各项技术经济资料、提高基本建设管理水平提供了基础资料。

任务3　竣工结算与竣工决算的联系与区别

1. 竣工结算与竣工决算的联系

竣工结算是指施工企业按照承包合同和已完工程量向建设单位办理工程价款清算的经济文件。竣工决算是指建设项目在竣工验收、交付使用阶段，由建设单位编制的反映建设项目从筹建开始到竣工投入使用为止的全过程中实际费用的经济文件。因此，竣工结算是竣工决算的编制基础。

竣工结算与竣工决算的
联系与区别

2. 竣工结算与竣工决算的区别

1）时间不同

竣工结算是指施工企业按照合同规定的内容全部完成承包的工程，并经质量验收合格，通过编制工程结算书向建设单位进行工程价款结算，是施工企业向建设单位索取最终工程价款清算的经济文件，是施工单位得到工程价款的重要依据，发生在工程竣工验收阶段。

竣工决算是以实物数量和货币指标为计量单位，综合反映竣工项目从筹建开始到项目竣工交付使用为止的全部建设费用,真实地反映项目实际造价结算,客观地评价项目实际投资效果和财务情况的总结性文件,是核定新增固定资产价值、办理固定资产交付使用手续的依据。竣工决算又称项目竣工财务决算,发生在项目竣工验收后。竣工决算一般由项目法人单位编制或委托编制。

2)内容不同

竣工结算是指按工程进度、施工合同、施工监理情况办理的工程价款结算,以及根据工程实施过程中发生的超出施工合同范围的工程变更情况,调整施工图预算价格,确定工程项目最终结算价格。它分为单位工程竣工结算、单项工程竣工结算和建设项目竣工总结算。

$$\text{竣工结算价款} = \text{合同价款} + \text{施工过程中合同价款调整数额} - \text{预付及已结算的工程价款} - \text{保修金}$$

竣工决算包括从筹建到竣工投产全过程的全部实际费用,包括建筑工程费、安装工程费、设备工器具购置费、预备费、建设期利息。按照财政部、国家发改委、住房和城乡建设部的有关文件规定,竣工决算由竣工财务决算说明书、竣工财务决算报表、工程竣工图和工程竣工造价对比分析四部分组成。前两部分又称建设项目竣工财务决算,是工程决算的核心内容。

3)编审主体不同

单位工程竣工结算由承包人编制,发包人审查;实行总承包的工程,单位工程竣工结算由具体承包人编制,在总承包人审查的基础上,发包人审查。单项工程竣工结算或建设项目竣工总结算由总承包人编制,发包人可直接审查,也可以委托具有相应资质的工程造价咨询机构进行审查。工程结算属于工程造价人员的工作范畴,是由施工单位或者受其委托具有相应资质的工程造价咨询人编制的。施工单位应该在合同规定的时间内编制完成竣工结算书,在提交竣工验收报告的同时递交给建设单位,工程结算在建设单位和施工单位之间进行,有两个平行的主体。建设单位在收到施工单位递交的竣工结算书后,应按合同约定的时间核实。合同中对核实竣工结算时间没有约定或者约定不明的,可以按照《建设工程价款结算暂行办法》中的相关规定处理。

建设工程竣工决算的文件,由建设单位负责组织人员编写,上报主管部门审查,同时抄送有关设计单位。大、中型建设项目的竣工决算还应抄送财政部,建设银行总行,省、自治区、直辖市的财政局和建设银行分行各一份。竣工决算侧重于财务决算,主要由具备工程技术、计划财务、物资、统计等资质的有关部门的人员共同完成。财政部《关于进一步加强中央基本建设项目竣工财务决算工作的通知》指出,项目建设单位应在项目竣工后三个月内完成竣工财务决算的编制工作,并报主管部门审核。主管部门收到竣工财务决算报告后,对于按照规定由主管部门审批的项目应及时审核批复,并上报财政部备案。对于按规定上报财政部审批的项目,一般应在收到工程决算报告后一个月内完成审核工作,并将经其审核后的决算报告上报财政部审批。

4)编制依据不同

竣工结算编制的主要依据是财政部、住建部联合发布的《建设工程价款结算暂行办法》,还包括以下依据:国家有关法律、法规、规章制度和相关的司法解释,建设工程工程量清单计价规范;施工发承包合同、专业分包合同及补充合同;有关材料、设备采购合同;招投标文件,包括招标答疑文件、投标承诺、中标报价书及其组成内容;施工图、施工图会审记录,经批准的施工组织设计,以及设计变更、工程洽商和相关会议纪要;双方确认的工程量、双方确认追加(减)的工程价款;双方确认的索赔、现场签证事项及价款等。

竣工决算编制的主要依据:财政部发布的《基本建设财务管理规定》,还包括以下依据:经批准的可行性研究报告、投资估算书、初步设计或扩大初步设计、修正总概算及其批复文件;招标控制价、承包合同、工程结算等有关资料;历年基建计划、历年财务决算及批复文件;设备、材料调价文件和调价记录;有关财务核算制度、办法和其他有关资料。

5)作用不同

(1)竣工结算的作用体现在以下几个方面:

① 经过双方共同认可的竣工结算是核定建设工程造价的依据。工程结算审核是合理确定工程造价的必要程序及重要手段,通过对竣工结算进行全面、系统的检查和复核,及时纠正存在的错误和问题,可以更加合理地确定工程造价,并达到有效控制工程造价的目的,保证项目目标管理的实现。

② 竣工结算是施工单位向建设单位办理最终工程价款清算的经济技术文件,是施工单位得到工程价款的重要依据。

③ 竣工结算书作为工程竣工验收备案、交付使用的必备文件,也是建设项目验收后编制竣工决算和核定新增固定资产价值的依据。

(2)竣工决算的作用体现在以下几个方面:

① 竣工决算是综合、全面地反映竣工项目建设成果及财务情况的总结性文件,采用货币指标、实物数量、建设工期和各种技术经济指标,综合、全面地反映建设项目自开始建设到竣工为止的全部建设成果和财务状况。

② 竣工决算是办理交付使用资产的依据,也是竣工验收报告的重要组成部分。

③ 竣工决算是分析和检查设计概算执行情况、考核建设项目管理水平和投资效果的依据。

6)目标不同

竣工结算是在施工工程已经竣工后编制的,反映的是基本建设工程的实际造价。

竣工决算是竣工验收报告的重要组成部分,是正确核算新增固定资产价值、考核分析投资效果、建立健全经济责任的依据,是反映建设项目实际造价和投资效果的文件。

总之,竣工结算是一个实体工程的建筑和安装的工程费用,工程竣工决算是一个工程从无到有的所有相关费用。竣工结算是竣工决算的一个重要组成部分,竣工决算包含了竣工结算的内容。

任务 4　工程结算的方式

我国现行工程价款结算根据不同情况,可采取以下的分类方式。

1.按时间分类

1)按月结算

按月结算是旬末或月中预支,月终结算,竣工后清算的方法。跨年度竣工的工程,在年终进行工程盘点,办理年度结算。

2）竣工后一次结算

建设项目或单项工程全部建筑安装工程建设期在 12 个月以内，或者工程承包价值在 100 万元以下的，可以实行工程价款每月月中预支，竣工后一次结算。

3）分段结算

分段结算即当年开工，当年不能竣工的单项工程或单位工程按照工程形象进度，划分不同阶段进行结算。为简化手续，我们将房屋建筑物划分为几个形象部位，如基础、±0.00 以上主体结构、装修、室外工程及收尾等，确定各部位完成后付总造价一定百分比的工程款。

4）目标结算方式

目标结算方式即在工程合同中，将承包工程的内容分解成不同的控制界面，以业主验收控制界面作为支付工程款的前提条件。也就是说，将合同中的工程内容分解成不同的验收单元，当施工单位完成单元工程内容并经业主验收后，业主支付构成单元工程内容的工程价款。

5）双方约定的其他结算方式

双方可以在合同中约定其他的结算方式。

2. 按结算的内容分类

1）工程量清单内的结算

工程量清单内的结算是按合同条件和技术规范，通过监理人的质量检查、计量，确认已完成的工程量，然后按确认的工程数量与报价单中的单价，结算和支付工程量清单中的各项工程费用，简称清单支付。清单支付是期中支付中的主要项目，占有很大的比重。

2）工程量清单外、合同内的结算

工程量清单外、合同内的结算是按合同规定并且监理人根据工程实际情况和现场证明资料，确认清单以外的各项工程费用，如索赔费用、工程变更费用、价格调整等（简称附加支付）。附加支付在期中支付中虽然占的比重比较小，却是比较难以控制和掌握的。它一方面取决于合同规定；另一方面取决于工程施工中实际遇到的客观条件和各种干扰。

工程结算的
方式与原则

3. 按合同执行情况分类

1）正常结算

正常结算是指发包人与承包人双方共同遵守合同约定，使工程按照合同规定内容顺利实施并结算。

2）合同终止后的结算

合同终止后的结算是指发包人或承包人违约或发生了双方无法控制的不可抗力，使合同不可能继续履行而终止时，发包人向承包人所做的结算。

任务 5   工程结算的原则

工程完工后，发承包双方必须在合同约定时间内按照约定方式与规定内容办理工程竣工结算。工程竣工结算由承包人或受其委托具有相应资质的工程造价咨询人编制，由发包人或受其委托具有相应资质的工程造价咨询人核对。工程结算是指对建设工程的发承包合同价款进行约定并依据合同约定进行工程预付款、工程进度款、工程竣工价款结算的活动。

工程价款结算应遵守的原则如下：

① 工程造价咨询单位应以平等、自愿、公平和诚信的原则订立工程咨询服务合同。

② 在结算编制和结算审查中，工程造价咨询单位和工程造价咨询专业人员必须严格遵循国家相关法律法规和规章制度，坚持实事求是、诚实信用和客观公正的原则，拒绝任何一方违反法律、行政法规、社会公德，影响社会经济秩序和损害公共利益。

③ 结算编制应当遵循发承包双方在建设活动中平等和责、权、利对等原则；结算审查应当遵循维护国家利益、发包人和承包人合法权益的原则。造价咨询单位和造价咨询专业人员应以遵守职业道德为准则，不受干扰，公正、独立地开展咨询服务工作。

④ 工程结算应按施工发承包合同的约定，完整、准确地调整和反映影响工程价款变化的各项真实内容。

⑤ 工程结算编制严禁巧立名目、弄虚作假、高估冒算；工程结算审查严禁滥用职权、营私舞弊或提供虚假结算审查报告。

⑥ 承担工程结算编制或工程结算审查咨询服务的受托人，应严格履行合同，及时完成工程造价咨询服务合同约定范围内的工程结算编制和审查工作。

⑦ 工程造价咨询单位承担工程结算编制，其成果文件一般应得到委托人的认可。

⑧ 工程造价咨询单位承担工程结算审查，其成果文件一般应得到审查委托人、结算编制人、结算审查受托人以及建设单位的共同认可，并签署结算审定签署表。确因非常原因不能共同签署时，工程造价咨询单位应单独出具成果文件，并承担相应法律责任。

任务 6　工程竣工结算书的编制依据

工程竣工结算编制的依据主要有如下几个方面：

① 国务院建设行政主管部门以及各省、自治区、直辖市和有关部门发布的建设工程造价计价标准、计价方法、计价定额、价格信息、相关规定等计价依据；

工程竣工结算书的
编制依据

② 招标文件、投标文件；

③ 施工合同（协议）书及补充施工合同（协议）书、专业分包合同、有关材料、设备采购合同；

④ 施工图、竣工图、图纸交底及图纸会审纪要；

⑤ 双方确认的工程量；

⑥ 经批准的施工组织设计、设计变更、工程洽商、索赔与现场签证，以及相关的会议纪要；

⑦ 工程材料及设备中标价、认价单；

⑧ 双方确认追加（减）的工程价款；

⑨ 经批准的开、竣工报告或停、复工报告；

⑩ 影响工程造价的其他相关资料。

习 题

一、单项选择题

1.工程竣工结算的编制主体是(   )。

A.建设单位　　　　B.审计单位　　　　C.监理单位　　　　D.施工单位

2.关于工程竣工结算和竣工决算,下列说法不正确的是(   )。

A.工程竣工结算是由施工单位编制的,工程竣工决算是由建设单位编制的,竣工结算是竣工决算的编制基础

B.竣工决算核算的费用范围包括建筑安装工程费、工程建设其他费、设备工器具购置费、预备费和建设期利息

C.竣工结算价是指发承包双方依据国家有关法律、法规和标准规定,按照合同约定确定的,包括在履行合同过程中按合同约定进行的工程变更、索赔和价款调整,是承包人按合同的规定完成了全部承包工作后,发包人应付给承包人的合同总金额

D.工程竣工结算是正确核定新增固定资产价值,考核分析投资效果,建立健全经济责任制度的依据,是反映建设项目实际造价和投资效果的财务管理活动

3.下列不属于我国工程结算方式的是(   )。

A.施工图预算加签证的结算方式　　　B.按月结算

C.竣工后一次结算　　　　　　　　　D.分段结算

4.竣工结算对施工单位的作用是(   )。

A.考核经济效益的重要指标

B.编制竣工决算的基础资料

C.分析和考核固定资产投资效果的依据

D.修订概(预)算和降低建设成本的重要依据

5.竣工决算的编制主体是(   )。

A.建设单位　　　　B.审计单位　　　　C.监理单位　　　　D.施工单位

二、多项选择题

1.工程结算的内容包括(   )。

A.工程预付款　　B.工程进度款　　C.竣工结算款　　D.违约金　　E.税金

2.从事工程价款结算活动应遵循(   )原则。

A.合法　　　　　B.平等　　　　　C.诚信　　　　　D.公平

3.工程结算按照进度款支付的形式分为(   )。

A.按月结算　　　　　　　　　　B.按季结算

C.按形象进度(节点)结算　　　　D.按分部工程结算

4.下列说法错误的有(   )。

A.发承包双方签订的无效合同也是工程结算的重要依据

B.竣工结算由发包人编制,竣工决算由承包人编制

C.工程结算是确定建筑安装工程发承包的实际造价,其中包括了竣工决算

D.竣工结算是建设工程从筹建到竣工投产全过程的实际费用

三、问答题

1.工程结算与竣工结算有何区别?

2.竣工结算与竣工决算有何联系与区别?

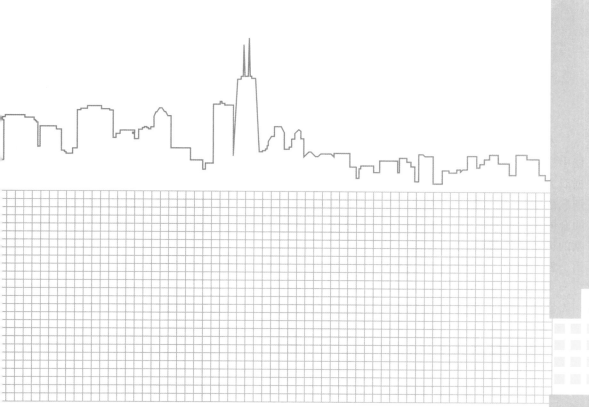

模块二

合同价款调整

HETONG JIAKUAN TIAOZHENG

内容提要

　　本章是课程内容学习的重点和难点,主要讲述引起工程合同价款调整的五类事件以及这五类事件发生时合同价款调整的要求、方法与程序。这五类事件分别是法规变化、工程变更、物价变化、工程索赔和其他。

知识目标

　　1.了解合同价款调整事件的分类。
　　2.了解工程变更、工程量偏差、工程索赔等的含义。

能力目标

　　能通过对施工合同中合同价款的调整事件、调整方法及调整程序的理解和掌握,对实际工程发生的合同价款进行正确的调整。

素质目标

　　1.培养学生坚持遵守国家法律、法规和政策,一切按规矩办事的原则。
　　2.培养学生坚持公平、公正的原则,一切以国家和社会公众利益为先的思想。
　　3.培养学生遵守"诚信、公正、敬业、进取"的原则,以高质量的服务和优秀的业绩,赢得社会和客户对造价工程师职业的尊重。

　　发承包双方应当在施工合同中约定合同价款,实行招标工程的合同价款由合同双方依据中标通知书的中标价款在合同协议书中约定,不实行招标工程的合同价款由合同双方依据双方确定的施工图预算的总造价在合同协议书中约定。在工程施工阶段,由于项目实际情况的变化,发承包双方在施工合同中约定的合同价款可能会出现变动。为合理分配双方的合同价款变动风险,有效地控制工程造价,发承包双方应当在施工合同中明确约定合同价款的调整事件、调整方法及调整程序。
　　发承包双方按照合同约定调整合同价款的若干事项,大致包括五大类:
　　① 法规变化类,主要包括法律法规变化事件。
　　② 工程变更类,主要包括工程变更、项目特征不符、工程量清单缺项、工程量偏差、计日工等事件。
　　③ 物价变化类,主要包括物价波动、暂估价事件。
　　④ 工程索赔类,主要包括不可抗力、提前竣工(赶工补偿)、误期赔偿、工程索赔等事件。
　　⑤ 其他类,主要包括现场签证以及发承包双方约定的其他调整事项。现场签证根据签证内容,有的可归于工程变更类,有的可归于工程索赔类,有的可能不涉及合同价款调整。

经发承包双方确认调整的合同价款,作为追加(减)合同价款,应与工程进度款或结算款同期支付。

任务 1 法规变化类引起的合同价款调整

因国家法律、法规、规章和政策发生变化影响合同价款的风险,发承包双方应在合同中约定由发包人承担。

2.1.1 基准日的确定

法规变化引起的
合同价款调整

为了合理划分发承包双方的合同风险,施工合同中应当约定一个基准日。基准日之后发生的、有经验的承包人在招投标阶段不可能合理预见的风险,应当由发包人承担。实行招标的建设工程,一般以施工招标文件中规定的提交投标文件的截止时间前的第 28 天作为基准日;不实行招标的建设工程,一般以建设工程施工合同签订前的第 28 天作为基准日。

2.1.2 合同价款的调整方法

施工合同履行期间,国家颁布的法律、法规、规章和有关政策在合同工程基准日之后发生变化,且因执行相应的法律、法规、规章和政策引起工程造价发生增减变化的,合同双方当事人应当依据法律、法规、规章和有关政策的规定调整合同价款。但是,如果有关价格(如人工、材料和工程设备等价格)的变化已经包含在物价波动事件的调价公式中,则不再考虑。

【例 2.1】 某铁路工程汇率、税率变化引起的合同价格调整。

1)案例背景

某南亚国家铁路建设工程项目由我国某央企集团公司承建,工程建设总工期为 40 个月,主要施工内容包括 4000 km 铁路铺设及 8 个进出站建筑物。合同总价约为 2400 万美元,其中包括约 1200 万美元的机电设备、金属结构、观测仪器及安全设备供货。根据招标文件的规定,在该国境内外的任何进出口环节的税费都将由承包商承担,业主协助承包商办理进出口有关手续。该工程于 2020 年 3 月 1 日颁发招标文件,2020 年 6 月 29 日为提交投标书的截止时间,由此可计算出基准日期为 2020 年 6 月 1 日。

2)争议事件

2020 年 10 月 15 日,工程正式开工,此时承包商发现,根据该国海关总署最新下发的规定,从 2021 年 4 月 1 日起,以前各部委关于减免税的文件一律作废,所有进口物资全部按最新颁布的海关税表上分项设定的税率计征关税和商业利润税。对比招标文件中规定的税率,按此新规定征税的税率将从原来的 2% 上升到 20%,并且从 2021 年 4 月 1 日起计税的美元兑换该国货币的汇率也从 1∶1555 上升至 1∶1261。经计算,由于该国海关进出口法律以及汇率的改变,承包商将面临近 200 万美元的损失。对此,承包商提出价款调整,要求业主补偿税率及汇率损失。

3）争议焦点

本案例争议的焦点在于由于工程所在国的税率和汇率发生了重大改变，税率和汇率导致的合同价格变化是否都予以调整。

4）争议分析

根据背景介绍可知，基准日期为 2020 年 6 月 1 日，汇率变化日期与税率变化日期都在基准日期之后。税率变化属于法律法规变化。汇率变化不属于法律法规的范畴，属于商业风险，应由承包人承担。因此，承包商要求税率导致合同价格变化的调整应支持，而汇率导致合同价格变化的调整不应支持。

5）解决方案

经过谈判，双方仔细研究了合同条款和承包商提供的各种书面证据，最后业主同意税率因法律改变应进行调整，并书面通知同意进行补偿，但汇率调整不予认可，初步估算，业主将补偿 150 万美元以上。

2.1.3　工期延误期间的特殊处理

由于承包人的原因导致的工期延误，按不利于承包人的原则调整合同价款。在工程延误期间国家的法律、行政法规和相关政策发生变化引起工程造价变化造成合同价款增加的，合同价款不予调整；造成合同价款减少的，合同价款予以调整。

任务 2　工程变更类引起的合同价款调整

2.2.1　工程变更

工程变更是合同实施过程中由发包人或承包人提出，经发包人批准的对合同工程的工作内容、工程数量、质量要求、施工顺序与时间、施工条件、施工工艺或其他特征及合同条件等的改变。工程变更指令发出后，发包人应当迅速落实指令，全面修改相关的各种文件。承包人也应当抓紧落实。如果承包人不能全面落实变更指令，扩大的损失应当由承包人承担。

1. 工程变更的原因

工程变更的原因有以下几种：

① 业主对建设项目提出新的要求，如业主为改善居住环境更换装修材料等；

② 设计人员、监理人员、承包商引起的变更，如设计深度不够，实施过程中进行图纸细化引起变更；

③ 工程环境变化引起的变更，如地质勘察资料不够准确，引起地基基础工程等项目变化；

工程变更

④ 新技术和新知识引起的变更，如改变原设计或原施工方案；

⑤ 政府部门对工程提出新的要求,如城市规划变动等;

⑥ 由于合同实施出现问题,必须修改合同条款。

2．工程变更的范围

根据住房和城乡建设部发布的《建设工程施工合同(示范文本)》(GF—2017—0201),工程变更的范围和内容如下:

① 增加或减少合同中任何工作或追加额外的工作;

② 取消合同中任何工作,但转由他人实施的工作除外;

③ 改变合同中任何工作的质量标准或其他特性;

④ 改变工程的基线、标高、位置和尺寸;

⑤ 改变工程的时间安排或实施顺序。

3．工程变更的价款调整方法

1)分部分项工程费的调整

工程变更引起分部分项工程项目发生变化的,应按照下列规定调整。

(1)已标价工程量清单中有适用于变更工程项目的,且工程变更导致的该清单项目的工程数量变化不足15%时,采用该项目的单价。直接采用适用的项目单价的前提是其采用的材料、施工工艺和方法相同,也不因此增加关键线路上工作的施工时间。

(2)已标价工程量清单中没有适用、有类似于变更工程项目的,可在合理范围内参照类似项目的单价或总价调整。采用类似项目单价的前提是其采用的材料、施工工艺和方法相似,不增加关键线路上工程的施工时间,可仅就其变更后的差异部分,参考类似的项目单价由发承包双方协商新的项目单价。

(3)已标价工程量清单中没有适用,也没有类似于变更工程项目的,由承包人根据变更工程资料、计量规则和计价办法、工程造价管理机构发布的信息(参考)价格和承包人报价浮动率,提出变更工程项目的单价或总价,报发包人确认后调整。承包人报价浮动率(L)可按下列公式计算。

① 实行招标的工程,承包人报价浮动率的计算公式为

$$承包人报价浮动率 = \left(1 - \frac{中标价}{招标控制价}\right) \times 100\%$$

② 不实行招标的工程,承包人报价浮动率的计算公式为

$$承包人报价浮动率 = \left(1 - \frac{报价值}{施工图预算}\right) \times 100\%$$

上述公式中的中标价、招标控制价、报价值和施工图预算,均不含安全文明施工费。

(4)已标价工程量清单中没有适用也没有类似于变更工程项目,且工程造价管理机构的信息(参考)价格缺价的,由承包人根据变更工程资料、计量规则、计价办法和通过市场调查等有合法依据的市场价格提出变更工程项目的单价或总价,报发包人确认后调整。

2)措施项目费的调整

工程变更引起措施项目发生变化的,承包人提出调整措施项目费的,应事先将拟实施的方案提交发包人确认,并详细说明与原方案措施项目相比的变化情况。拟实施的方案经发承包双方确认后执行,并应按照下列规定调整措施项目费。

(1)安全文明施工费,按照实际发生变化的措施项目调整,不得浮动。

（2）采用单价计算的措施项目费,根据实际发生变化的措施项目按前述分部分项工程费的调整方法确定单价。

（3）按总价(或系数)计算的措施项目费,除安全文明施工费外,按照实际发生变化的措施项目调整,但应考虑承包人报价浮动因素,即调整金额按照实际调整金额乘以按照公式得出的承包人报价浮动率计算。

如果承包人未事先将拟实施的方案提交给发包人确认,则视为工程变更不引起措施项目费的调整或承包人放弃调整措施项目费的权利。

3）删减工程或工作的补偿

如果发包人提出的工程变更,因非承包人原因删减了合同中的某项原定工作或工程,致使承包人发生的费用或(和)得到的收益不能被包括在其他已支付或应支付的项目中,也未被包含在任何替代的工作或工程中,则承包人有权提出并得到合理的费用及利润补偿。

【例2.2】　某混凝土工程招标清单工程量为 210 m^3,综合单价为 290 元/m^3。在施工过程中,工程变更导致实际完成工程量为 160 m^3。合同约定当实际工程量减少超过 15% 时可调整单价,调价系数为 1.15。试计算该混凝土工程的实际工程费用。

【分析】　本混凝土工程的工程量偏差为(210-160)/210=23.8%,减少超过 15%,其综合单价应调高。

该混凝土工程的实际工程费用=160×290×1.15 元=53 360 元。

【例2.3】　某办公楼项目因设计变更导致综合单价重新确定。

（1）案例背景。

某办公楼项目于 2020 年 9 月开工,2022 年 10 月竣工验收交付使用。建筑面积为 30 000 m^2,地上 15 层,地下 1 层。项目为钢筋混凝土预制桩基础,框架-剪力墙结构。

招标工程量清单描述的真石漆外墙面(外保温)做法:①界面剂一遍;②30 mm 厚Ⅰ型轻集料无机保温砂浆;③ 5 厚水泥聚合物抗裂砂浆,压入 φ0.9 热镀锌钢丝网,网目为 20×20,塑料锚栓双向间距 500 锚固;④喷涂底层涂料;⑤涂真石漆(喷涂面层涂料两遍)。

（2）争议事件。

该项目的真石漆外墙面子目的中标综合单价为 139.2 元/m^2。在实际施工过程中,由于地质环境等问题,原设计中的 30 mm 厚Ⅰ型轻集料无机保温砂浆不能够满足质量要求,为了更好地保证质量,建设单位向施工单位发出变更指令,施工单位也及时落实了该项指令,Ⅰ型轻集料无机保温砂浆厚度由 30 mm 变更为 50 mm,其他做法不变。

施工单位接到设计变更后,在规定的时间内提出了变更后的综合单价,为 161.8 元/m^2,要求追加工程造价 21.96 万元。

建设单位认为保温砂浆厚度变化,其他做法不变,应适用《建设工程工程量清单计价规范》(GB 50500—2013)中规定的合同中有类似的综合单价,参照类似的综合单价确定,而不应重新组价。

（3）争议焦点。

施工单位认为变更项目与工程量清单中的项目特征描述不符,应重新组价;建设单位认为此设计变更子目在原工程量清单中有类似的清单子目,可参考原综合单价。针对该争议事件,焦点问题可以归结为两点:①此设计变更是否属于工程变更原则中的有类似综合单价的情形；②如果不属于，是否重新组价。

（4）争议分析。

此项设计变更属于非承包人原因，由建设单位承担变更的风险责任。

施工单位执行变更之前要对变更后的综合单价进行估价。根据《建设工程工程量清单计价规范》（GB 50500—2013）的规定，本案例的矛盾焦点在于选择哪一种变更项目综合单价确定原则。我们从以下方面进行分析。

首先，类似综合单价的确定原则是已标价工程量清单中有类似子目，适用的前提是其采用的材料、施工工艺和方法相似，不增加关键线路上工程的施工时间，可仅就其变更后的差异部分，参考类似的项目单价由发承包双方协商新的项目综合单价。其次，在本项目中，30 mm厚的Ⅰ型轻集料无机保温砂浆变更为 50 mm 厚，应视为采用的材料、施工工艺和方法相似，不增加关键线路上工程的施工时间，属于有类似综合单价的情形。所以，双方可仅就其变更为 50 mm 厚的Ⅰ型轻集料无机保温砂浆，参考类似的真石漆外墙面的综合单价，确定其综合单价。

（5）解决方案。

针对该争议，施工单位和建设单位最终决定根据《建设工程工程量清单计价规范》（GB 50500—2013）的规定，参照类似的真石漆外墙面综合单价分析表，重组计算变更后的综合单价，为 145.77 元/m²。

案例总结：造价人员在评审工程变更项目时，除了要具备丰富的专业技术和能力，还要严格遵守行业的相关法律法规和规范，不偏不倚，在此种情况下严格按照《建设工程工程量清单计价规范》（GB 50500—2013）的规定确定变更后项目的综合单价，纠正施工单位一有工程变更就重新套用定额获取高额利润的习惯做法；对工程变更影响综合单价变化的情况，造价人员要严格区分"已有适用""有类似""没有适用或类似""缺信息价"四种情况，合理确定变更后项目的综合单价，做到公平、公正地计算工程价款。

2.2.2　项目特征描述不符

项目特征是构成分部分项工程项目、措施项目自身价值的本质特征。所以，项目特征是区分清单项目的依据，是确定综合单价的前提，是履行合同义务的基础，当实际施工的项目特征与已标价清单项目特征不符时，应视情况对综合单价进行调整。

项目特征描述不符

1. 项目特征描述的要求

发包人在招标工程量清单中对项目特征的描述，应被认为是准确的和全面的，并且与实际施工要求相符，项目特征描述不符的风险和责任应由发包人承担。承包人应按照发包人提供的招标工程量清单，根据其项目特征描述的内容及有关要求实施合同工程，直到其被改变。

【例 2.4】　分析招标工程量清单中挖基础土方的项目特征描述（见表 2-1）对结算及工程造价控制的影响。

背景资料：通过勘察发现，现场无堆放余土的场地，余土需运至 5 km 以外的堆放场。

表 2-1　挖基础土方的项目特征描述

项目编码	项目名称	项目特征描述	计量单位	工程数量	综合单价
010101004001	挖基础土方	1. 三类土,挖土深度为 2 m 2. 弃土运距自定	m³		
010101004002	挖基础土方	1. 三类土,挖土深度为 2 m 2. 弃土运距为 2 km	m³		
010101004003	挖基础土方	1. 三类土,挖土深度为 2 m 2. 弃土运至政府指定堆放地点,结算时运距不再调整	m³		
010101004004	挖基础土方	1. 三类土,挖土深度为 2 m 2. 弃土运距为 50 km	m³		

【分析】　招标人的特征描述主要是明确运距因素对综合单价的影响,结算时运距发生变化,综合单价不再调整。

子目 1:在实际工作中,很多造价人员采取这种方式描述,这也是规范允许的描述方式,旨在让投标人根据现场踏勘后自主报价,体现竞争。但是,投标人可能以 0 km 计算并在技术标中确认,评标时没有发现,在结算时可能发生纠纷,不利于造价控制。采取这种描述方式,宜在合同中注明"投标人应充分考虑各种运距,结算时一律不得调整",在评标时也要注意这个问题。

子目 2:在本题的背景资料下,结算时这种描述方法必然会调整综合单价。

子目 3:这种描述方法已明确运距不再调整,大大减少了招标人对造价控制的风险。

子目 4:工程量清单计价方式的评标原则是合理低价中标,投标人在投标时会按照实际情况报价,一般不会引起运距的结算纠纷,但是会过分夸大运距,抬高招标控制价,也不利于造价控制。

2. 合同价款的调整方法

承包人应按照发包人提供的设计图纸实施合同工程。若在合同履行期间,出现设计图纸(含设计变更)与招标工程量清单任一项目的特征描述不符,且该变化引起该项目的工程造价增减变化的情况,发承包双方应当按照实际施工的项目特征,重新确定相应工程量清单项目的综合单价,调整合同价款。价款调整方法同工程变更价款调整方法。

【例 2.5】　某办公楼项目,后浇带的特征描述与图纸不一致时的结算处理。

背景资料:招标工程量清单中的后浇带的特征描述(见表 2-2)。

表 2-2　后浇带的特征描述

项目编码	项目名称	特征描述	计量单位	工程数量	金额/元		
					综合单价	合价	其中:暂估价
010508001001	基础后浇带	预拌混凝土 C30	m³	8.46	474.38	4013.25	

背景条件:施工图纸中明确,筏板基础混凝土等级为 C30,后浇带混凝土等级比相应构件混凝土等级高。依据招标文件和合同价款调整及价格信息,C30 混凝土单价为 371.07 元/m³,C40 混凝土单价为 450.9 元/m³。

【分析】　以上情况是招标工程量清单特征描述与施工图纸不一致的情况。施工时,后浇带等级为 C40,结算时应按 C40 混凝土单价 450.9 元/m³ 结算,调整综合单价为 555.01 元/m³,计算该分项工程合价,如表 2-3 所示。

表 2-3　调整后的后浇带的工程合价

项目编码	项目名称	特征描述	计量单位	工程数量	金额/元		
					综合单价	合价	其中:暂估价
010508001001	基础后浇带	预拌混凝土 C40	m³	8.46	555.01	4695.38	

2.2.3　工程量清单缺项

1. 清单缺项、漏项的责任

招标工程量清单必须作为招标文件的组成部分,其准确性和完整性由招标人负责。因此,招标工程量清单准确性和完整性应由提供工程量清单的发包人负责,作为投标人的承包人不应承担工程量清单的缺项、漏项以及计算错误带来的风险与损失。

工程量清单缺项

2. 工程量清单缺项的原因

工程量清单缺项的原因主要有以下几种:设计变更、施工条件改变和工程量清单编制错误。

3. 合同价款的调整方法

(1) 分部分项工程费的调整。施工合同履行期间,招标工程量清单中分部分项工程出现缺项、漏项,造成新增工程清单项目的,应按照工程变更事件中关于分部分项工程费的调整方法调整合同价款。

【例 2.6】　某办公楼工程以工程量清单计价方式进行了公开招标,某投标人参加了投标,并以 1256 万元中标,其中暂列金额为 70 万元。在规定的时间内,按招标文件的要求,发承包双方用《××省建设工程施工合同示范文本》签订了合同。合同专用条款没有约定工程变更价款的方式,但约定了本工程单价包干方式,且只有钢材、水泥市场信息价格超过投标报价时信息价格的 5% 以上时才能调整,并约定了调整方法。在合同履行过程中,双方发现了工程量清单和施工图纸中存在一些问题,简述如下。

经与图纸核实,工程量清单中,漏算了阳台悬挑板 C25 混凝土的工程量 30 m³,对应的模板工程量为 175 m²,全部的屋面保温工程量为 640 m²。经核实,阳台悬挑板混凝土的各种参数与室内楼板相同。

【问题】　漏算的阳台悬挑板混凝土及模板措施项目、屋面保温如何确定综合单价? 确定的依据是什么?

【分析】　① 漏算的阳台悬挑板 C25 混凝土综合单价按投标人报价书中 C25 混凝土有梁板的综合单价确定。模板措施项目也应按照投标人报价书中有梁板模板的综合单价确定。

② 漏算的屋面保温的综合单价需重新确定,由承包人依据工程资料、计量规则、计价办法和市场信息价格提出综合单价,经发包人、造价工程师确认。

(2) 措施项目费的调整。新增措施项目可能是由新增分部分项工程项目清单引起的,也可能是由招标工程量清单中措施项目缺失引起的。新增分部分项工程项目清单后,引起措施项目发生变化的,应当按照工程变更事件中关于措施项目费的调整方法,在承包人提交的实施方案被发包人批准后,调整合同价款;由于招标工程量清单中措施项目缺项,承包人应将新增措施项目实施方案提交发包人批准后,按照工程变更事件中的有关规定调整合同价款。

2.2.4　工程量偏差

工程量偏差

1. 工程量偏差的概念

工程量偏差是指承包人根据发包人提供的图纸(包括由承包人提供,经发包人批准的图纸)进行施工,按照现行国家工程量计算规范规定的工程量计算规则,计算得到的完成合同工程项目应予计量的工程量与相应的招标工程量清单项目列出的工程量之间的量差。

2. 合同价款的调整方法

施工合同履行期间,若应予计算的实际工程量与招标工程量清单列出的工程量出现偏差,或者因工程变更等非承包人原因导致工程量偏差,该偏差对工程量清单项目的综合单价将产生影响,发承包双方应当在施工合同中约定是否调整综合单价以及如何调整。合同中没有约定或约定不明的,可以按以下原则办理。

1) 综合单价的调整原则

当应予计算的实际工程量与招标工程量清单出现偏差(包括因工程变更等原因导致的工程量偏差)超过 15% 时,综合单价的调整原则如下:当工程量增加 15% 以上时,增加部分的工程量的综合单价应调低;当工程量减少 15% 以上时,减少后剩余部分的工程量的综合单价应调高,如图 2-1 所示。

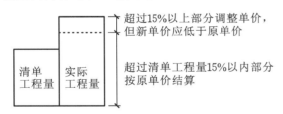

图 2-1　综合单价的调整原则

具体的调整方法,可参见下列公式。

(1) 当 $Q_1 > 1.15Q_0$ 时,计算公式为

$$S = 1.15Q_0 \times P_0 + (Q_1 - 1.15Q_0) \times P_1$$

(2) 当 $Q_1 < 0.85Q_0$ 时,计算公式为

$$S = Q_1 \times P_1$$

式中:S——调整后的分部分项工程费结算价;

　　Q_1——最终完成的工程量;

　　Q_0——招标工程量清单中列出的工程量;

　　P_1——按照最终完成工程量重新调整后的综合单价;

　　P_0——承包人在工程量清单中填报的综合单价。

（3）新综合单价 P_1 的确定方法。新综合单价 P_1 的确定方法有两种：一是发承包双方协商确定，二是与招标控制价相联系。当工程量偏差项目出现承包人在工程量清单中填报的综合单价与发包人招标控制价相应清单项目的综合单价偏差超过 15% 时，工程量偏差项目综合单价的调整可参考下列公式。

① 当 $P_0 < P_2 \times (1-L) \times (1-15\%)$ 时，该类项目的综合单价的调整公式为

$$P_1 = P_2 \times (1-L) \times (1-15\%)$$

② 当 $P_0 > P_2 \times (1+15\%)$ 时，该类项目的综合单价的调整公式为

$$P_1 = P_2 \times (1+15\%)$$

③ 当 $P_0 > P_2 \times (1-L) \times (1-15\%)$ 且 $P_0 < P_2 \times (1+15\%)$ 时，可不调整。

式中：P_0——承包人在工程量清单中填报的综合单价；

　　　P_2——发包人招标控制价相应项目的综合单价；

　　　L——承包人报价浮动率。

【例 2.7】　在某办公楼项目的投标文件中，分部分项工程与单价措施项目清单与计价表中的抹灰面油漆项目的工程量为 1500 m²、综合单价为 20 元/m²、项目合价为 30 000 元。在施工中，承包方发现各层宿舍房间的内置阳台内墙立面乳胶漆项目漏项，经监理人和发包人确认，其工程量偏差为 400 m²。根据《建设工程工程量清单计价规范》的规定，发包人与承包人协商，将此项目的综合单价调减为 18 元/m²。

【分析】　实际工程量 $Q_1 = (1500 + 400)$ m² $= 1900$ m²，$1900/1500 = 126.7\%$，工程量增加超过 15%，需对单价进行调整。

调整后的分部分项工程费的计算公式为

$$S = 1.15 Q_0 \times P_0 + (Q_1 - 1.15 Q_0) \times P_2$$
$$S = [1.15 \times 1500 \times 20 + (1900 - 1.15 \times 1500) \times 18]\text{元} = 37\ 650\ \text{元}$$

此项目合同结算价款为 37 650 元。

【例 2.8】　在某工程项目招标工程量清单中，C30 商品混凝土剪力墙的工程量为 1200 m³，招标控制价为 380 元/m³，投标人的此项投标报价为 320 元/m³，该项目投标报价下浮率为 5%。施工中，由于设计变更，实际应予计量的工程量为 1000 m³，合同约定按照已标价工程量清单与招标控制价中相关综合单价的关系予以处理。试分析工程价款如何调整。

【分析】　（1）分析综合单价是否调整。

工程量偏差 $= (1200 - 1000)/1200 = 16.7\% > 15\%$，应考虑综合单价调整。

分析投标报价与招标控制价的关系，确定综合单价是否应调整及如何调整。

$320/380 = 84.21\%$，偏差 $15.79\% > 15\%$，综合单价应调整。

$P_0 = 320$ 元/m³。

$P_2 \times (1-5\%) \times (1-15\%) = 380 \times (1-5\%) \times (1-15\%)$ 元/m³ $= 306.85$ 元/m³。

$P_2 \times (1+15\%) = 380 \times (1+15\%) = 437$ 元/m³。

$P_2(1-5\%) \times (1-15\%) < P_0 < P_2 \times (1+15\%)$，综合单价可不调整。

（2）分析价款如何调整。

$S = 1000 \times 320$ 元 $= 320\ 000$ 元。

2）总价措施项目费的调整

当应予计算的实际工程量与招标工程量清单出现偏差（包括因工程变更等原因导致的工程量偏差）超过 15%，且该变化引起措施项目相应发生变化，如该措施项目是按系数或单

一总价方式计价的,措施项目费的调整原则如下:工程量增加的,措施项目费调增;工程量减少的,措施项目费调减。具体的调整方法,应由双方当事人在合同专用条款中约定。

2.2.5　计日工

1.计日工的概念

计日工是指在施工过程中,承包人完成发包人提出的工程合同范围以外的零星项目或工作,按合同中约定的单价计价的一种方式。

计日工

2.计日工费用的产生

发包人通知承包人以计日工方式实施的零星工作,承包人应予执行。采用计日工计价的任何一项变更工作,承包人应在该项变更实施过程中,按合同约定提交以下报表和有关凭证送发包人复核:

① 工作名称、内容和数量;

② 投入该工作的所有人员的姓名、工种、级别和耗用工时;

③ 投入该工作的材料名称、类别和数量;

④ 投入该工作的施工设备型号、数量和耗用台时;

⑤ 发包人要求提交的其他资料和凭证。

3.计日工费用的确认和支付

(1)任一计日工项目持续进行时,承包人应在该项工作实施结束后的 24 小时内向发包人提交有计日工记录汇总的现场签证报告。发包人在收到承包人提交的现场签证报告后的 2 天内予以确认并将其中一份返还给承包人,作为计日工计价和支付的依据。发包人逾期未确认也未提出修改意见的,视为承包人提交的现场签证报告已被发包人认可。

(2)任一计日工项目实施结束,承包人应按照确认的计日工现场签证报告核实该类项目的工程数量,并根据核实的工程数量和承包人已标价工程量清单中的计日工单价计算,提出应付价款;已标价工程量清单中没有该类计日工单价的,发承包双方按工程变更的有关规定商定计日工单价。

(3)每个支付期末,承包人应与进度款同期向发包人提交本期间所有计日工记录的签证汇总表,以说明本期间自己认为有权得到的计日工金额,调整合同价款,列入进度款支付。

任务 3　物价变化类引起的合同价款调整

2.3.1　物价波动

建设工程具有施工时间长的特点,在施工合同履行过程中常出现人工、材料、工程设备和机具台班等市场价格变动引起价格波动的现象,这种变化一般会造成承包人施工成本的增加或减少,进而影响合同价款调整,最终影响合同当事人的权益。

为解决市场价格波动引起合同履行的风险问题,《建设工程工程量清单计价规范》和《建设工程施工合同(示范文本)》都明确了合理调价的制度,其目的是公平、合理分担合同风险。因物价波动引起的合同价款调整方法有两种:一种是采用价格指数调整价格差额,另一种是采用造价信息调整价格差额。承包人采购材料和工程设备的,应在合同中约定主要材料、工程设备价格变化的范围幅度;当没有约定且材料、工程设备单价变化超过 5% 时,超过部分的价格应按照两种方法之一进行调整。甲方供应材料和工程设备的,发包人按照实际变化调整,列入合同工程的工程造价。

1. 采用价格指数调整价格差额

采用价格指数调整价格差额的方法,主要适用于施工中所用的材料品种较少,但每种材料使用量较大的土木工程,如公路、水坝等。

物价波动——采用价格
指数调整价格差额

(1) 价格调整公式。人工、材料、工程设备和施工机具台班等价格波动影响合同价款时,根据投标函附录中的价格指数和权重表约定的数据,按以下价格调整公式计算差额并调整合同价款:

$$\Delta P = P_0 \left[A + \left(B_1 \times \frac{F_{t1}}{F_{t0}} + B_2 \times \frac{F_{t2}}{F_{02}} + B_3 \times \frac{F_{t3}}{F_{03}} + \cdots + B_n \times \frac{F_{tn}}{F_{0n}} \right) - 1 \right]$$

式中:ΔP——需调整的价格差额;

P_0——根据进度付款、竣工付款和最终清算等付款证书,承包人应得到的已完成工程量的金额,此项金额应不包括价格调整、不计质量保证金的扣留和支付、预付款的支付和扣回,变更及其他金额已按现行价格计价的也不计在内;

A——定值权重(不调部分的权重);

$B_1, B_2, B_3 \cdots\cdots B_n$——各可调因子的变值权重(可调部分的权重),为各可调因子在投标函投标总报价中所占的比例;

$F_{t1}, F_{t2}, F_{t3} \cdots\cdots F_{tn}$——各可调因子的现行价格指数,指根据进度付款、竣工付款和最终清算等约定的付款证书相关周期最后一天的前 42 天的各可调因子的价格指数;

$F_{01}, F_{02}, F_{03} \cdots\cdots F_{0n}$——各可调因子的基本价格指数,指基准日的各可调因子的价格指数。

以上价格调整公式中的各可调因子、定值和变值权重,以及基本价格指数及其来源在投标函附录价格指数和权重表中约定。价格指数应优先采用工程造价管理机构提供的价格指数,缺乏上述价格指数时,可采用工程造价管理机构提供的价格代替。

在计算调整差额时得不到现行价格指数的,可暂用上一次的价格指数计算,在以后的付款中再按实际价格指数进行调整。

(2) 权重的调整。按变更范围和内容所约定的变更,导致原定合同中的权重不合理时,承包人和发包人协商后进行调整。

(3) 工期延误后的价格调整。由于发包人原因导致工期延误的,对于计划进度日期(或竣工日期)后续施工的工程,在使用价格调整公式时,应采用计划进度日期(或竣工日期)与实际进度日期(或竣工日期)的两个价格指数中较高者作为现行价格指数。

由于承包人原因导致工期延误的,对于计划进度日期(或竣工日期)后续施工的工程,在使用价格调整公式时,应采用计划进度日期(或竣工日期)与实际进度日期(或竣工日期)的两个价格指数中较低者作为现行价格指数。

【例 2.9】　某城区公园扩建项目进行施工招标,投标截止日期为 2020 年 8 月 1 日。通过评标确定中标人后,签订的施工合同总价为 6000 万元。工程于 2020 年 9 月 10 日开工。施工合同中约定了以下内容:①预付款为合同总价的 5%,分 12 次按相同比例从每月应支付的工程进度款中扣还;②工程进度款按月支付,进度款金额包括当月完成的清单子目的合同价款,当月确认的变更、索赔金额,当月价格调整金额,扣除合同约定应当抵扣的预付款和扣留的质量保证金;③质量保证金从月进度付款中按 3% 扣留,最高扣至合同总价的 3%;④工程价款结算时人工单价、钢材、水泥、大理石、砂石料以及机具使用费采用价格指数法给承包商以调价补偿。根据所列工程前 4 个月的完成情况(见表 2-4)和所列各项权重系数及价格指数(见表 2-5),计算 11 月份实际应当支付给承包人的工程款数额。

表 2-4　2020 年 9—12 月工程完成情况

月　份	9 月	10 月	11 月	12 月
截至当月完成的清单子目价款	800	1500	2400	3000
当月确认的变更金额(调价前)	0	50	−60	110
当月确认的索赔金额(调价前)	0	5	15	18

表 2-5　工程调价因子权重系数及造价指数

项目	人工	钢材	水泥	大理石	砂石料	机具使用费	定值部分
权重系数	0.15	0.13	0.09	0.14	0.15	0.11	0.23
7 月指数	143.70	88.35	126.54	83.13	102.32	134.18	
8 月指数	143.70	92.44	125.85	89.05	104.16	135.39	
9 月指数	145.6	91.51	128.11	84.29	105.73	133.31	
10 月指数	144.36	90.74	126.88	85.118	105.01	134.92	
11 月指数	144.36	89.75	127.33	82.16	103.98	135.02	
12 月指数	147.48	91.81	129.09	104.85	106.25	136.44	

【分析】　(1)计算 11 月完成的清单子目的合同价款:(2400−1500)万元=900 万元。

(2)计算 11 月的价格调整金额。

① 当月的变更和索赔金额不是按照现行价格计算的,所以应当计算在调价基数内。

② 基准日为 2020 年 7 月 3 日,所以应当选取 7 月的价格指数作为各可调因子的基本价格指数。

③ 人工费缺少价格指数,可以用相应的人工单价代替。

$$
\begin{aligned}
\text{价格调整金额} =&\ (900-60+15) \times [(0.23+0.15 \times 144.36 \div 143.70+0.13 \times 89.75 \div 88.35 \\
&+0.09 \times 127.33 \div 126.54+0.14 \times 82.16 \div 83.13 \\
&+0.15 \times 103.98 \div 102.32+0.11 \times 135.02 \div 134.18)-1] \text{万元} \\
=&\ 855 \times (0.23+0.150\ 7+0.132\ 1+0.090\ 6+0.138\ 4+0.152\ 4 \\
&+0.110\ 7-1) \text{万元} \\
=&\ 855 \times 0.004\ 9\ \text{万元} \\
=&\ 4.19\ \text{万元}。
\end{aligned}
$$

（3）计算 11 月实际应当支付的金额。

① 11 月的应扣预付款：6000×5%÷12 万元＝25 万元。

② 11 月的应扣质量保证金：(900－60＋15＋4.19)×3% 万元＝25.78 万元。

③ 11 月实际应当支付的进度款＝(900－60＋15＋4.19－25－25.78)万元＝808.41 万元。

【例 2.10】　某工程在施工过程中主要材料价格上涨。

背景资料：承包人提供的材料和工程设备一览表，如表 2-6 所示。

表 2-6　承包人提供的材料和工程设备一览表

序号	名称、规格、型号	变值权重 B	基本价格指数 F_0	现行价格指数 F_1
1	预拌混凝土 C35	0.15	395 元/m³	407 元/m³
2	钢材综合	0.17	4200 元/t	4130 元/t
3	水泥 42.5	0.03	0.38 元/kg	0.40 元/kg
4	标准砖	0.08	409 元/千块	425 元/千块
5	机械费	0.05	100%	97%
	定值权重 A	0.52		
	合计	1		

背景条件：本期完成的合同价款为 667 384.5 元，其中已按现行价格计算的计日工价款为 5900 元，已确认增加的索赔金额为 13 614.5 元。

【分析】　（1）本期价款调整部分应扣除已按现行价格计算的计日工和已确认的索赔金额，即本期调整部分＝(667 384.5－5900－13 614.5)元＝647 870 元。

（2）通过调价公式计算增加价款。

$$\Delta P = P_0 \left[A + \left(B_1 \times \frac{F_{t1}}{F_{t0}} + B_2 \times \frac{F_{t2}}{F_{02}} + B_3 \times \frac{F_{t3}}{F_{03}} + \cdots + B_n \times \frac{F_{tn}}{F_{0n}} \right) - 1 \right] 。$$

$$\Delta P = 647\ 870 \times \left[0.52 + \left(0.15 \times \frac{407}{395} + 0.17 \times \frac{4130}{4200} + 0.03 \times \frac{0.4}{0.38} + 0.08 \times \frac{425}{409} + 0.05 \times \frac{97\%}{100\%} \right) - 1 \right]$$

$$= 647\ 870 \times 0.004\ 9\ 元$$

$$= 3174.56\ 元。$$

本期应增加 3174.56 元。

2. 采用造价信息调整价格差额

采用造价信息调整价格差额的方法，主要适用于使用的材料品种较多，相对而言每种材料使用量较小的房屋建筑与装饰工程。

施工合同履行期间，人工、材料、工程设备和施工机具台班价格波动影响合同价格时，人工、施工机具使用费按照国家或省、自治区、直辖市建设行政管理部门、行业建设管理部门或其授权的工程造价管理机构发布的人工成本信息、施工机具台班单价或施工机具使用费系数进行调整；需要进行价格调整的材料的单价和采购数应由发包人复核，发包人确认需调整的材料单价及数量，作为调整合同价款差额的依据。

物价波动——采用造价
信息调整价格差额

1）人工单价的调整

人工单价发生变化时,发承包双方应按省级或行业建设主管部门或其授权的工程造价管理机构发布的人工成本文件调整合同价款。例如,某省定额人工费实行指数法动态调整,调整后人工费＝基期人工费＋指数调差,其中指数调差＝基期费用×调差系数×K_n,调差系数＝(发布期价格指数÷基期价格指数)－1,人工费指数原则上由省定额站定期发布,定期发布的人工费指数作为编制工程造价控制价、调整人工费差价的依据。

【例 2.11】 某省预算定额中矩形柱混凝土的定额人工费基价为 856.45 元/10 m³,已知基期人工费价格指数为 1.471,2021 年第二期发布的人工费指数为 1.252。调整人工费时,K_n 为 1。试计算动态调整后 2021 年第二期调整后的人工费单价。

【分析】 调差系数＝(发布期价格指数÷基期价格指数)－1＝1.252÷1.471－1＝－0.148 9。

指数调差 ＝ 基期费用 × 调差系数 × K_n ＝ 856.45 ×(－0.148 9)× 1 元/10 m³ ＝ －127.53 元/10 m³。

调整后人工费＝[856.45＋(－127.53)]元/10 m³＝728.92 元/10 m³。

2）材料和工程设备价格的调整

材料和工程设备价格的调整,按照承包人提供主要材料和工程设备一览表,根据发承包双方约定的风险范围,按以下规定进行。

（1）如果承包人投标报价中的材料单价低于基准单价,工程施工期间材料单价涨幅以基准单价为基础,超过合同约定的风险幅度值时,或材料单价跌幅以投标报价为基础超过合同约定的风险幅度值时,超过部分按实调整。

（2）如果承包人投标报价中的材料单价高于基准单价,工程施工期间材料单价跌幅以基准单价为基础,超过合同约定的风险幅度值时,或材料单价涨幅以投标报价为基础超过合同约定的风险幅度值时,超过部分按实调整。

（3）如果承包人投标报价中的材料单价等于基准单价,工程施工期间材料单价涨、跌幅以基准单价为基础超过合同约定的风险幅度值时,超过部分按实调整。

（4）承包人应当在采购材料前将采购数量和新的材料单价报发包人核对,确认用于本合同工程时,发包人应当确认采购材料的数量和单价。发包人在收到承包人报送的确认资料后 3 个工作日不予答复的,视为已经认可,作为调整合同价款的依据。如果承包人未报发包人核对即自行采购材料,再报发包人确认调整合同价款的,发包人不同意,则不调整。

【例 2.12】 施工合同中约定,承包人承担的钢筋价格风险幅度为±5%,超出部分依据《建设工程工程量清单计价规范》中的造价信息法调差。已知投标人投标价格、基准期发布价格分别为 5100 元/t、4600 元/t,2020 年 12 月、2021 年 7 月的造价信息发布价分别为 4300 元/t、5500 元/t。计算这两个月钢筋的实际结算价格分别为多少。

【分析】 (1)2020 年 12 月信息价下降,应以较低的基准价为基础计算合同约定的风险幅度值,即 4600×(1－5%)元/t＝4370 元/t。

因此,钢筋应下浮价格＝(4370－4300)元/t＝70 元/t。

2020 年 12 月实际结算价格＝(5100－70)元/t＝5030 元/t。

（2）2021 年 7 月信息价上涨,应以较高的投标价格为基础计算合同约定的风险幅度值,即 5100×(1＋5%)元/t＝5355 元/t。

因此,钢筋应上调价格＝(5500－5355)元/t＝145 元/t。

2021 年 7 月实际结算价格＝(5100＋145)元/t＝5245 元/t。

【例2.13】　某工程采用的预拌砂浆由承包人采购,双方约定承包人承担的价格风险系数≤6%,承包人的投标报价为508元/m³,招标人的基准价格为510元/m³,实际采购价格为547元/m³。计算发包人的实际结算单价。

【分析】　投标单价低于基准价,施工期间材料单价涨幅以基准单价为基础,超过合同约定的风险幅度,应调整。

实际结算单价=投标报价±调整额=[508+(547-510×1.06)]元/m³=514.4元/m³。

【例2.14】　某工程采用的预拌砂浆由承包人采购,双方约定承包人承担的价格风险系数≤5%,承包人的投标报价为508元/m³,招标人的基准价格为510元/m³,实际采购价格为525元/m³。计算发包人的实际结算单价。

【分析】　投标单价低于基准价,施工期间材料单价涨幅以基准单价为基础,未超过合同约定的风险幅度,不调整。

510×1.05=535.5;510×0.95=484.5;484.5<实际价格<535.5。

3)施工机具台班单价的调整

施工机具台班单价或施工机具使用费发生变化超过省级或行业建设主管部门或其授权的工程造价管理机构规定的范围时,按照其规定调整合同价款。例如,某省定额机械费实行动态管理,其中台班组成中的人工费实行指数法动态调整,调整后的机械费=基期机械费+指数调差+单价调差,其中指数调差=基期费用×调差系数×K_n,调差系数=(发布期价格指数÷基期价格指数)-1,调差指数原则上由省定额站定期发布。

【例2.15】　在某省预算定额中,推土机(55W以内)推一般土方的定额机械费基价为1349.45元/1000 m³,推土机定额台班为3.789台班/1000 m³,台班单价556.15元/台班(其中人工费为279元/台班,消耗的燃料动力为柴油74.5 kg/台班,柴油单价为8.94元/kg)。已知现行价格指数:机械类指数为1.064;柴油市场价为9.02元/kg。基期机械费价格指数为1,调整机械费时K_n为1。试计算按照现行价格动态调整后的定额机械费单价。

【分析】　调差系数=(发布期价格指数÷基期价格指数)-1=1.064÷1-1=0.064。

指数调差=基期费用×调差系数×K_n=279×3.789×0.064×1元/1000 m³=67.66元/1000 m³。

单价调差=(9.02-8.94)×74.5×3.789元/1000 m³=22.58元/1000 m³。

调整后的机械费=(1349.45+67.66+22.58)元/1000 m³=1439.69元/1000 m³。

2.3.2　暂估价

暂估价

暂估价是指招标人在工程量清单中提供的用于支付必然发生但暂时不能确定价格的材料、工程设备的单价以及专业工程的金额。

1.给定暂估价的材料、工程设备

(1)不属于依法必须招标的项目。发包人在招标工程量清单中给定暂估价的材料和工程设备不属于依法必须招标的,由承包人按照合同约定采购,经发包人确认后以此为依据取代暂估价,调整合同价款。

(2)属于依法必须招标的项目。发包人在招标工程量清单中给定暂估价的材料和工程设备属于依法必须招标的,由发承包双方以招标的方式选择供应商,依法确定中标价格后,以此为依据取代暂估价,调整合同价款。

2. 给定暂估价的专业工程

(1) 不属于依法必须招标的项目。发包人在工程量清单中给定暂估价的专业工程不属于依法必须招标的,应按照前述工程变更事件的合同价款调整方法,确定专业工程价款,并以此为依据取代专业工程暂估价,调整合同价款。

(2) 属于依法必须招标的项目。发包人在招标工程量清单中给定暂估价的专业工程,依法必须招标的,应当由发承包双方依法组织招标,选择专业分包人,并接受建设工程招标投标管理机构的监督。

① 除合同另有约定外,承包人不参加投标的专业工程,应由承包人作为招标人,但拟定的招标文件、评标方法、评标结果应报送发包人批准。与组织招标工作有关的费用应当被认为已经包括在承包人的签约合同价(投标总报价)中。

② 承包人参加投标的专业工程,应由发包人作为招标人,与组织招标工作有关的费用由发包人承担。同等条件下,发包人应优先选择承包人中标。

③ 专业工程依法进行招标后,以中标价为依据取代专业工程暂估价,调整合同价款。

【例 2.16】 某工程在本计算周期内需要对专业工程暂估内容进行结算。

背景资料:专业工程暂估价及结算价表(见表 2-7);总承包服务费计价表(见表 2-8)。

表 2-7 专业工程暂估价及结算价表

工程名称:××工程

序号	工程名称	工程内容	暂估金额/元	结算金额/元	差额/元	备注
1	玻璃雨棚	制作、运输、安装、油漆等全过程	20 000			工程量为 100 m²
2	防火防盗门	制作、运输、安装、油漆等全过程	10 000			工程量为 25 m²
	合计		30 000			

表 2-8 总承包服务费计价表

工程名称:××工程

序号	项目名称	项目价值/元	服务内容	计算基础	费率	金额/元
1	玻璃雨棚	20 000	管理协调并提供配合服务	项目价值	5%	1000
2	防火防盗门	10 000	管理协调并提供配合服务	项目价值	5%	500
	合计					1500

背景条件:① 在施工过程中,总承包人和发包人共同组织招标,通过完整的招标程序确定玻璃雨棚的单价为 300 元/m²,防火防盗门的单价为 290 元/m²。

②施工过程中,玻璃雨棚的工程量减少 20 m²,防火防盗门的工程量增加 15 m²。

【分析】 通过招标确定出的单价包括除规费、税金以外的所有价格。调整后的专业工程暂估价及结算价表如表 2-9 所示,调整后的总承包服务费计价表如表 2-10 所示。

表 2-9　调整后的专业工程暂估价及结算价表

工程名称:××工程

序号	工程名称	工程内容	暂估金额/元	结算金额/元	差额/元	备注
1	玻璃雨棚	制作、运输、安装、油漆等全过程	20 000	24 000	+4000	工程量为 80 m²
2	防火防盗门	制作、运输、安装、油漆等全过程	10 000	11 600	+1600	工程量为 40 m²
	合计		30 000	35 600	+5600	

表 2-10　调整后的总承包服务费计价表

工程名称:××工程

序号	项目名称	项目价值/元	服务内容	计算基础	费率	金额/元
1	玻璃雨棚	24 000	配合、管理协调、服务、竣工资料汇总	项目价值	5%	1200
2	防火防盗门	11 600	配合、管理协调、服务、竣工资料汇总	项目价值	5%	580
	合计					1780

【例 2.17】　某施工项目材料暂估价引起的合同价格调整。

1)案例背景

2020 年,某建设单位与承包人甲就某工程签订了相关施工合同,该合同为单价合同。工程使用一种特殊电缆,由于国内只有一家供应商,这种电缆成本高、价格风险难以确定。为平衡风险,发承包双方将该电缆项列为材料暂估价,约定该材料按 1600 元/m 计价。2021 年,工程进入结算阶段,由于该材料价格上涨,发承包双方产生争议。

双方当事人在合同专用条款中约定:"该特种电缆按 1600 元/m 计价,结算时按实际采购价格进行调整。"2020 年 3 月,经发包人批准,承包人与供应商进行特种电缆单一来源采购谈判,发包人受邀参加,最终确定特种电缆采购价为 1900 元/m。随后,发承包双方签订补充协议,明确"特种电缆采购价为 1900 元/m,设计用量为 600 m,总价为 114 万元,上述价格作为结算依据"。

2)争议事件

承包人根据合同约定按计划采购材料并完成施工,发包人按进度拨付价款给承包人。工程完工后,承包人提交结算资料,发包人按时审核,但就具体价款产生了分歧。

承包人认为,材料价实际上是供应商的材料原价,是不含承包人的管理费的。由于材料暂估价列入综合单价,材料暂估价上涨必然会导致分部分项工程费上涨。管理费又以分部分项工程费作为取费基数,因此承包人认为除了调整材料费价差外,还应调整相关管理费。

发包人认为,按合同专用条款约定,该特种电缆按 1600 元/m 计价,结算时按实际采购价格进行调整,因此只调整价差 18 万元。

3)争议焦点

经分析总结,双方争议的焦点在于材料暂估价的上涨是否补偿管理费。

4)争议分析

(1)材料暂估价未经竞争,属于待定价格,在合同履行过程中,当事人双方需要依据标的按照约定确定价款。具体确定方式根据暂估价金额和合同约定，依据《中华人民共和国招标投标法》和《建设工程工程量清单计价规范》等有关规定，可以分为属于依法必须招标的暂估价项目和不属于依法必须招标的暂估价项目两大类。

（2）《中华人民共和国招标投标法实施条例》和《建设工程工程量清单计价规范》将暂估价专门列为一节，规定材料、工程设备、专业工程暂估价属于依法必须招标的，"应由发承包双方以招标的方式选择供应商，确定价格，并应以此为依据取代暂估价，调整合同价款"；不属于依法必须招标的材料和工程设备，"应由承包人按照合同约定采购，经发包人确认单价后取代暂估价，调整合同价款"；不属于依法必须招标的专业工程，按变更原则确定价款，并以此取代暂估价。

5）采购方式的确定

在本案例中，由于是特殊材料且国内只有一家生产商，根据《中华人民共和国招标投标法》及其实施条例，特殊材料不属于依法必须招标的暂估价项目。在这种情况下，承包人按约定组织单一来源采购，实际上是选择不属于依法招标暂估价项目的第 1 种方式（在签订采购合同前报发包人批准，签订暂估价合同后报发包人留存）确定暂估价。由于暂估价项目由承包人采购，由发包人买单，发包人比承包人更关心采购的质量和价款。

出于对监督权的考虑，承包人应当邀请发包人参加采购谈判。出于对知情权的履行，发包人会积极地参与谈判。相反，如果承包人未经发包人同意，自行购买材料，则存在采购价不被认可的可能。

6）具体价款的确定

在具体价款的确定中，承包人按照征得发包人同意进行采购谈判、谈判结果报发包人批准、与分包人签订合同、向发包人申报调整价款、签订补充协议等程序进行；发包人按照监督采购、确认调整价款（双方签订补充协议）、按进度拨付价款等程序进行。

根据合同及补充合同约定，该特种电缆应按实际采购价格结算。双方约定"结算时按实际采购价格进行调整""特种电缆采购价为 1900/m，设计用量为 600 m，总价为 114 万元，上述价格作为结算依据"。

根据《建设工程工程量清单计价规范》和《标准施工招标文件》的解释，暂估价或者工程设备的单价确定后，在综合单价中只应取代原暂估价单价，不应在综合单价中涉及企业管理费或利润等其他费用的变动。综上，本案例中特种电缆应当调整价差 18 万元，不应另行计取管理费。

7）案例总结

随着工程技术的进步，建设项目对新工艺、新材料的要求不断提高，这也要求工程造价人员与时俱进，不断充实自己的专业知识，养成终身学习的习惯，随时应对工程全过程管理中出现的造价纠纷。同时，对于造价人员而言，工作直接涉及建设工程中各方的经济利益，且通常数额巨大，这就要求造价人员具有良好的职业道德，经得住各种利益的诱惑，廉洁自律，做到不贪不腐，不做恶意损伤他人利益和不符合社会伦理的行为。

任务 4　不可抗力

2.4.1　不可抗力的范围

不可抗力是指合同双方在合同履行中出现的不能预见、不能避免且不能克服的客观情况。不可抗力的范围一般包括因战争、敌对行动(无论是否宣战)、入侵、外敌行为、军事政变、恐怖主义、骚动、暴动、空中飞行物坠落或其他非合同双方当事人责任或原因造成的罢工、停工、爆炸、火灾等,以及当地气象、地震、卫生等部门规定的情形。双方当事人应当在合同专用条款中明确约定不可抗力的范围以及具体的判断标准。

不可抗力

2.4.2　不可抗力造成损失的承担

1) 费用损失的承担原则

对于不可抗力事件导致的人员伤亡、财产损失和费用增加,发承包双方应按以下原则分别承担并调整合同价款和工期:

① 合同工程本身的损害、因工程损害导致第三方人员伤亡和财产损失,以及运至施工场地用于施工的材料和待安装的设备的损害,由发包人承担;

② 发包人、承包人人员伤亡由其所在单位负责,并承担相应费用;

③ 承包人的施工机械设备损坏及停工损失,由承包人承担;

④ 停工期间,承包人应发包人要求留在施工场地的必要管理人员及保卫人员的费用由发包人承担;

⑤ 工程所需清理、修复费用,由发包人承担。

2) 工期的处理

不可抗力导致工期延误的,工期应顺延。发包人要求赶工的,承包人应采取赶工措施,赶工费用由发包人承担。

【例 2.18】　某工程在施工过程中遇到不可预见的异常恶劣气候,造成施工单位的施工机械损坏,修理费用为 1.8 万元,到场材料损失为 3.2 万元。施工单位接建设单位通知,在施工现场加强安保,增加的费用为 0.7 万元。计算施工单位能够索赔的费用。

【分析】　异常恶劣天气属于不可抗力,施工单位的施工机械损坏由承包人负责,不能索赔。材料已到场,损失由发包人承担;如果材料在途,损失不由发包人承担。施工单位应发包人要求加强安保工作,应由发包人承担费用。

索赔金额的计算如下。

(1) 已运至施工现场的材料费为 3.2 万元。

(2) 加强安保费为 0.7 万元。

索赔总金额=(3.2+0.7)万元=3.9 万元。

任务 5　提前竣工(赶工补偿)与误期赔偿

2.5.1　提前竣工(赶工补偿)

1) 赶工费用

发包人应当依据相关工程的工期定额合理计算工期。压缩的工期不得超过定额工期的

提前竣工(赶工补偿)
与误期赔偿

20%,超过的应在招标文件中明示增加赶工费用。赶工费用主要包括以下内容:

① 人工费的增加,如新增投入人工的报酬,不经济使用人工的补贴等;

② 材料费的增加,如可能造成不经济使用材料而损耗过大、材料提前交货可能增加的费用,以及材料运输费的增加等;

③ 机械费的增加,如可能增加机械设备投入、不经济地使用机械等。

2) 提前竣工奖励

发承包双方可以在合同中约定提前竣工的奖励条款,明确每日历天应奖励额度。约定提前竣工奖励的,如果承包人的实际竣工日期早于计划竣工日期,承包人有权向发包人提出得到提前竣工天数和合同约定的每日历天应奖励额度的乘积计算的提前竣工奖励。一般来说,双方还应当在合同中约定提前竣工奖励的最高限额,如合同价款的 5%。提前竣工奖励列入竣工结算文件,与结算款一并支付。

发包人要求合同工程提前竣工,应征得承包人同意后与承包人商定采取加快工程进度的措施,并修订合同工程进度计划。发包人应承担承包人增加的提前竣工(赶工补偿)费。发承包双方应在合同中约定每日历天的赶工补偿额度,以此项费用作为增加合同价款,列入竣工结算文件中,与结算款一并支付。

2.5.2　误期赔偿

承包人未按照合同约定施工,导致实际进度迟于计划进度的,承包人应加快进度,实现合同工期。合同工程发生误期,承包人应赔偿发包人由此造成的损失,并应按照合同约定向发包人支付误期赔偿费。即使承包人支付误期赔偿费,也不能免除承包人按照合同约定应承担的任何责任和应履行的任何义务。

发承包双方应在合同中约定误期赔偿费,明确每日历天应赔偿额度。如果承包人的实际进度迟于计划进度,发包人有权向承包人索取并得到实际延误天数和合同约定的每日历天应赔偿额度的乘积计算的误期赔偿费。一般来说,双方还应当在合同中约定误期赔偿费的最高限额,如合同价款的 5%。误期赔偿费列入竣工结算文件,并应在结算款中扣除。

如果在工程竣工之前,合同工程内的某单项(或单位)工程已通过了竣工验收,且该单项(或单位)工程接收证书中表明的竣工日期并未延误,而是合同工程的其他部分产生了工期

延误,则误期赔偿费应按照已颁发工程接收证书的单项(或单位)工程造价占合同价款的比例扣减。

【例 2.19】 "提前竣工(赶工补偿)"——某办公楼工程赶工费用内容确定及计算。

1)案例背景

某办公楼建设工程的首层为商店,开发商准备建成后出租,招标日期为 2020 年 7 月 1 日,投标日期为 2020 年 7 月 30 日,进场日期为 2020 年 8 月 30 日,合同正式开工日期为 2020 年 9 月 10 日,合同价为 650 万元,管理费以直接费为计算基础,为直接费的 10%,合同工期为 15 个月,2021 年 12 月 15 日竣工。工程实施中出现如下事件使得工程施工延期。

事件 1:开挖地下室遇到了一些困难,主要是由于建设单位提供的地质资料不全,施工时出现了地下溶洞。

事件 2:发现了一些古墓,由于考古专家考证它们的价值产生拖延。

事件 3:安装屋面网架过程中部分墙体倒塌,为保护临近的建筑造成延误。

事件 4:压力罐运输和安装的指定分包商违约造成延期。

事件 5:发包人延期提供地下室施工图纸。

2020 年 11 月,承包商提出了 12 周的工期拖延索赔,但是业主不同意,并指示工程师不给予工期延误的批准。业主与房屋租赁人签订了租赁合同,规定了房屋的交付日期,如果不能及时交付将会违约。业主直接发函给承包商,要求承包商按原工期完成工程,否则将会提起诉讼。

2)争议事件

(1)工程师的建议和业主同意延长工期。承包商在收到业主的指令后,觉得这样的要求很不公平,于是与工程师进行了交涉。工程师向业主分析延期的责任,指出由于上述 5 项干扰事件的发生,按合同规定,承包商有权延长工期,责令承包商在原工期内完成工程是不合理的,如果要求承包商在原合同内完成工程,必须再行商讨,协商价格的补偿并签订加速施工协议。

业主认可了工程师的上述建议。从 11 月下旬到 12 月上旬,工程师与承包商及业主就工期拖延及赶工费赔偿问题进行了商讨。承包商提出 12 周的工期延误索赔,经工程师的审核,按照工程的实际损失原则扣除承包商自己的风险及失误 2 周(事件 3 安装屋面网架),最终确定延长工期 10 周。

(2)承包商对延期索赔额的诉求。对于 10 周的工期拖延,承包商提出的索赔如下:

① 处理地下溶洞索赔 35 190 元;

② 在考古人员调查古墓期间工程受阻损失 14 550 元;

③ 屋面网架安装过程中的索赔 28 970 元;

④ 压力罐指定分包商引起的延误损失 31 540 元;

⑤ 地下室施工图纸延迟提供索赔 10 790 元。

综上,索赔合计 121 040 元。工程师经过审核,认为在该索赔计算中有不合理的部分,如安装屋面网架过程中的损失属于承包人自身的过失,不应索赔,机械费中用机械台班费是不合理的,在停滞状态下应用折旧费计算。最终,工程师确认的索赔额为 81 750 元。

(3)业主提出赶工要求。业主要求:全部工程按原合同工期竣工,即加速 10 周;底层商场比原合同工期再提前 4 周交付,即提前 14 周;从 11 月开始加速施工,在后面的工期中达到上述加速目标。

（4）承包商重新制订了计划并提出赶工索赔。考虑到加速引起的加班时间、额外的机械投入、分包商的额外费用、采用技术措施（如烘干措施）等增加的费用，承包商提出以下索赔：①商场提前 14 周需花费 84 000 元；②办公楼提前 10 周需增加 120 000 元；③考虑风险影响 6000 元。综上，索赔合计为 210 000 元。

（5）工程师提出扣减管理费。工程师看到承包商已经考虑风险因素，提出由于工程压缩 10 周，承包商可以节约管理费。按照合同管理费的分摊，10 周的管理费为 183 000×[10%÷(1+10%)]÷65×10 元＝2559 元。这笔节约的管理费应从索赔额中扣去。承包商提出工期延误及赶工所需要的补偿为(81 750－2559＋210 000)元＝289 191 元。

（6）但是承包商不同意工程师扣减的算法，并且认为在赶工费的计算中应该考虑风险费用以及利润。于是双方就风险因素影响的补偿费用和管理费的扣除问题产生了分歧。

3）争议焦点

承包商认为赶工中的管理费和赶工的风险费应该要考虑进赶工索赔额中，但是工程师认为承包商在赶工中"节约"了管理费，要扣减管理费。所以双方争议的焦点就在于赶工费包含的内容，以及在什么情况下赶工费属于"节约"并可在计算时扣减。

4）争议分析

按照计算各个单项的费用汇总后计算赶工费用，各单项一般包括以下内容。

（1）人工费，包括因发包人指令工程加速造成的增加劳动力投入、不经济地使用劳动力使生产效率降低、节假日加班、夜班补贴。

（2）材料费，包括增加材料的投入、不经济地使用材料、因材料需提前交货给材料供应商的补偿、改变运输方式、材料代用等。

（3）施工机具使用费，包括增加机械使用时间、不经济地使用机械、增加新设备的投入。

（4）管理费，包括增加管理人员的工资、增加人员的其他费用、增加临时设施费、现场日常管理费支出。

（5）分包商费用，包括人工费、材料费、施工机具使用费等。

（6）相关的风险费用，包括在赶工期间的市场材料价格的增长以及现场赶工的其他风险。

在本案例中，承包商综合工程的合同价、商店赶工索赔费用和办公楼赶工索赔费用报价都已经考虑了上述各单项费用。但是工程师认为由于工期压缩了，在承包商的索赔额中必须扣除在这期间承包商"节约"的管理费。但是实际上与合同工期相比，压缩后的实际工期和合同工期基本上是相等的，也就是底楼商场的工期提前了一点。所以和合同相比，承包商其实也没有"节约"。赶工对承包商的管理技术和能力的要求提高，所以，承包商的赶工费用中应该包含管理费，不应扣除。

5）解决方案

承包商极力向工程师解释每一部分索赔额的来源、根据从而消除了工程师的一些错误看法，并为自身的损失争取一些有回旋余地的利益。考虑到在紧急和偶尔交流的情况下难以解决这个问题，承包商邀请工程师及业主方进行协商。在协商的过程中，承包商肯定并感谢了工程师之前为其所做出的努力和帮助——从开始到最后一直向业主解释合同，分析承包商的一些索赔的合理性，对缓和矛盾，解决分歧，实现项目目标发挥了重要的作用。

案例总结：工程造价人员在处理此类索赔事件时，应以实现工程目标为宗旨，在整个过程中需要积极发挥协调和桥梁作用，促进发承包人的有效沟通，帮助解决困惑，理清思路，促进发承包双方事先商定好赶工协议，为后续系列问题的处理做好铺垫。

任务6　工程索赔

2.6.1　工程索赔概述

1. 索赔的概念

工程索赔是在工程承包合同履行中,当事人一方由于另一方未履行合同所规定的义务或者出现了应当由对方承担的风险而遭受损失时,向另一方提出赔偿要求的行为。《建设工程施工合同(示范文本)》指出,索赔是双向的,既包括承包人向发包人的索赔,也包括发

索赔的概念与分类

包人向承包人的索赔。一般情况下,发包人索赔数量较小,而且处理方便,可以通过冲账、扣拨工程款、扣保证金等实现对承包人的索赔;承包人对发包人的索赔则比较困难。通常情况下,索赔是指承包人在合同实施过程中,对非自身原因造成的工程延期、费用增加而要求发包人给予补偿损失的一种权利要求。

索赔有较广泛的含义,可以概括为以下三个方面。

(1) 一方违约使另一方蒙受损失,受损方向对方提出赔偿损失的要求。

(2) 发生应由发包人承担责任的特殊风险或遇到不利自然条件等情况,承包人蒙受较大损失而向发包人提出补偿损失要求。

(3) 承包人因应当获得的正当利益没能及时得到监理人的确认和发包人应给予的支付,而以正式函件向发包人索赔。

工程索赔是对工期和费用的补偿行为,不是惩罚,是合同双方依据合同约定维护自身合法利益的行为。

2. 工程索赔产生的原因

1) 当事人违约

当事人违约常常表现为没有按照合同约定履行自己的义务。发包人违约常常表现为没有为承包人提供合同约定的施工条件、未按照合同约定的期限和数额付款等;监理人未能按照合同约定完成工作,如未能及时发出图纸、指令等也视为发包人违约;承包人违约的情况主要是没有按照合同约定的质量、期限完成施工,由于不当行为给发包人造成其他损害。

2) 不可抗力或不利的物质条件

不可抗力又可以分为自然事件和社会事件。自然事件主要是工程施工过程中不可避免发生并不能克服的自然灾害,包括地震、海啸、瘟疫、水灾等;社会事件包括国家政策、法律、法令的变更,战争,罢工等。不利的物质条件通常是指承包人在施工现场遇到的不可预见的自然物质条件、非自然的物质障碍和污染物,包括水文条件等。

3) 合同缺陷

合同缺陷表现为合同文件规定不严谨,甚至矛盾,合同中的遗漏或错误。在这种情况下,工程师应当给予解释,如果这种解释将导致成本增加或工期延长,发包人应当给予补偿。

4）合同变更

合同变更表现为设计变更、施工方法变更、追加或者取消某些工作、合同规定的其他变更等。

5）监理人指令

监理人指令有时也会产生索赔，如监理人指令承包人加速施工、进行某项工作、更换某些材料、采取某些措施等。这些指令不是承包人的原因造成的。

6）其他第三方原因

其他第三方原因常常表现为与工程有关的第三方的问题而引起的对本工程的不利影响。

3. 索赔分类

1）按索赔目的分类

按索赔目的分类，工程索赔可以分为工期索赔和费用索赔。

（1）工期索赔。由于非承包人责任导致施工进程延误，要求批准顺延合同工期的索赔，称为工期索赔。工期索赔在形式上是对权利的要求，以避免在原定合同竣工日不能完工时，被发包人追究拖期违约责任。一旦获得批准，合同工期顺延后，承包人不仅免除了承担拖期违约赔偿费的严重风险，而且可能提前工期得到奖励，最终仍反映在经济收益上。

（2）费用索赔。费用索赔的目的是要求经济赔偿。当施工的客观条件改变而增加承包人开支，承包人可以要求对超出计划成本的附加开支给予补偿，以挽回不应由自己承担的经济损失。

2）按索赔事件的性质分类

按索赔事件的性质分类，工程索赔可以分为工程延误索赔、工程变更索赔、合同被迫终止索赔、工程加速索赔、意外风险和不可预见因素索赔及其他索赔。

（1）工程延误索赔。发包人未按合同要求提供施工条件，如未及时交付设计图纸、施工现场、道路等时，发包人指令工程暂停或不可抗力造成工期拖延时，承包人对此提出索赔。这是工程中常见的一类索赔。

（2）工程变更索赔。发包人或监理人指令增加或减少工程量、增加附加工程、修改设计、变更工程顺序等，造成工期延长和费用增加时，承包人对此提出索赔。

（3）合同被迫终止索赔。发包人或承包人违约以及不可抗力造成合同非正常终止时，无责任的受害方因其蒙受经济损失而向对方提出索赔。

（4）工程加速索赔。发包人或监理人指令承包人加快施工速度、缩短工期，引起承包人人、财、物的额外开支时，承包人对此提出索赔。

（5）意外风险和不可预见因素索赔。意外风险和不可预见因素索赔是指在工程实施过程中，人力不可抗拒的自然灾害、特殊风险，以及一个有经验的承包人通常不能合理预见的不利施工条件或外界障碍，如地下水、地质断层、溶洞、地下障碍物等引起的索赔。

（6）其他索赔。其他索赔是指如因货币贬值、汇率变化、物价上涨、政策法令变化等原因引起的索赔。

《标准施工招标文件》（2007 年版）的通用合同条款，按照引起索赔事件的原因不同，对一方当事人提出的索赔可给予合理补偿工期、费用和（或）利润的情况，分别做出了相应的规定。引起承包人索赔的事件及可补偿内容如表 2-11 所示。

表 2-11　引起承包人索赔的事件及可补偿内容

序号	条款号	索赔事件	可补偿内容		
			工期	费用	利润
1	1.6.1	迟延提供图纸	✓	✓	✓
2	1.10.1	施工中发现文物、古迹	✓	✓	
3	2.3	迟延提供施工场地	✓	✓	✓
4	4.11	施工中遇到不利物质条件	✓	✓	
5	5.2.4	提前向承包人提供材料、工程设备		✓	
6	5.2.6	发包人提供材料、工程设备不合格,迟延提供,变更交货地点	✓	✓	✓
7	8.3	承包人依据发包人提供的错误资料导致测量放线错误	✓	✓	✓
8	9.2.6	因发包人原因造成承包人人员工伤事故		✓	
9	11.3	因发包人原因造成工期延误	✓	✓	✓
10	11.4	异常恶劣的气候条件导致工期延误	✓		
11	11.6	承包人提前竣工		✓	
12	12.2	发包人暂停施工造成工期延误	✓	✓	✓
13	12.4.2	工程暂停后因发包人原因无法按时复工	✓	✓	✓
14	13.1.3	因发包人原因导致承包人工程返工	✓	✓	
15	13.5.3	监理人要求对已经覆盖的隐蔽工程重新检查且检查结果合格	✓	✓	✓
16	13.6.2	因发包人提供的材料、工程设备造成工程不合格	✓	✓	
17	14.1.3	承包人应监理人要求对材料、工程设备和工程重新检验且检验结果合格	✓	✓	✓
18	16.2	基准日后法律的变化		✓	
19	18.4.2	发包人在工程竣工前提前占用工程	✓	✓	✓
20	18.6.2	因发包人的原因导致工程试运行失败		✓	✓
21	19.2.3	工程移交后因发包人原因出现新的缺陷或损坏的修复		✓	✓
22	19.4	工程移交后因发包人原因出现的缺陷修复后的试验和试运行		✓	
23	21.3.1	因不可抗力停工期间应监理人要求照管清理、修复工程		✓	
24	21.3.1	因不可抗力造成工期延误	✓		
25	22.2.2	因发包人违约导致承包人暂停施工	✓	✓	✓

4. 索赔的依据

提出索赔和处理索赔都要依据下列文件或凭证。

(1)工程施工合同文件。工程施工合同是工程索赔中最关键和最主要的依据。工程施工期间,发承包双方关于工程的洽商、变更等书面协议或文件,也是索赔的重要依据。

(2)国家法律、法规。国家制定的相关法律、行政法规是工程索

索赔的依据
和成立的条件

赔的法律依据。工程项目所在地的地方性法规或地方政府规章,也可以作为工程索赔的依据,但应当在施工合同专用条款中约定为工程合同的适用法律。

(3) 国家和地方有关的标准、规范和定额。工程建设的强制性标准,是合同双方必须严格执行的;非强制性标准,必须在合同中有明确规定的情况下,才能作为索赔的依据。

(4) 工程施工合同履行过程中与索赔事件有关的各种凭证。这是承包人因索赔事件所遭受费用或工期损失的事实依据,它反映了工程的计划情况和实际情况。

5. 索赔成立的条件

承包人工程索赔成立的基本条件如下:

① 索赔事件已造成承包人的直接经济损失或工期延误;

② 造成费用增加或工期延误的索赔事件是因非承包人的原因发生的;

③ 承包人已经按照工程施工合同规定的期限和程序提交了索赔意向通知、索赔报告及相关证明材料。

6. 工程索赔的处理程序及索赔报告

我们以承包人向发包人进行工程索赔为例。

1) 索赔的处理程序

(1) 索赔的提出。

① 承包人在知道或应当知道索赔事件发生后 28 天内,向发包人递交索赔意向通知书,并说明发生索赔事件的事由。承包人未在前述 28 天内发出索赔意向通知书的,丧失要求追加付款和(或)延长工期的权利。

② 承包人应在发出索赔意向通知书后 28 天内,向发包人正式递交索赔报告。索赔报告应详细说明索赔理由以及要求追加的付款金额和(或)延长的工期,并附必要的记录和证明材料。

③ 索赔事件具有连续影响的,承包人应按合理时间间隔继续递交延续索赔通知,说明连续影响的实际情况和记录,列出累计的追加付款金额和(或)延长的工期。

④ 在索赔事件影响结束后的 28 天内,承包人应向监理人递交最终索赔报告,说明最终要求索赔的追加付款金额和(或)延长的工期,并附必要的记录和证明材料。

(2) 发包人对索赔的处理。

① 发包人收到承包人提交的索赔报告后,应及时审查索赔报告的内容、查验承包人的记录和证明材料,必要时可要求承包人提交全部原始记录副本。

② 发包人应在收到上述索赔报告或有关索赔的进一步证明材料后的 42 天内,将索赔处理结果答复承包人,发包人未在上述期限内做出答复视为对承包人索赔要求的认可。

③ 承包人接受索赔处理结果的,索赔款项在当期进度款中进行支付;承包人不接受索赔处理结果的,按合同争议解决条款的约定办理。

(3) 承包人提出索赔的期限。承包人按本合同的约定接受了竣工付款证书后,应被认为已无权再提出在工程接收证书颁发前所发生的任何索赔。

2) 索赔报告

索赔报告的内容,随索赔事件性质不同而不同。一般来说,完整的索赔报告应包括以下四个部分。

(1) 总论部分。总论部分一般包括以下内容:序言;索赔事项概述;具体索赔要求;索赔报告编写及审核人员名单。

总论部分应概要地论述索赔事件的发生日期与过程、承包人为该索赔事件付出的努力和附加开支、承包人的具体索赔要求。在总论部分最后,承包人应附上索赔报告编写组主要人员及审核人员的名单,注明有关人员的职称、职务及施工经验,以表示该索赔报告的严肃性和权威性。总论部分的阐述要简明扼要、说明问题。

(2)根据部分。本部分主要是说明自己具有的索赔权利,这是索赔能否成立的关键。根据部分的内容主要来自该工程项目的合同文件和有关法律规定。在该部分,承包人应引用合同中的具体条款,说明自己理应获得经济补偿或工期延长。

根据部分的篇幅可能很大,其具体内容随各个索赔事件的情况而不同。一般来说,根据部分应包括以下内容:索赔事件的发生情况;已递交索赔意向书的情况;索赔事件的处理过程;索赔要求的合同根据;所附的证据资料。

在写法结构上,根据部分按照索赔事件发生、发展、处理和最终解决的过程编写,并明确全文引用有关的合同条款,使建设单位和监理工程师能及时地、全面地了解索赔事件的始末,并充分认识该项索赔的合理性和合法性。

(3)计算部分。该部分是以具体的计算方法和计算过程,说明自己应得经济补偿的款额或延长时间。根据部分的任务是解决索赔能否成立,计算部分的任务是决定应得到多少索赔款额和工期。前者是定性的,后者是定量的。

在计算部分,承包人必须阐明下列问题:索赔款的要求总额;各项索赔款的计算,如额外开支的人工费、材料费、管理费和损失利润;指明各项开支的计算依据及证据资料,承包人应注意采用合适的计价方法。计价方法应根据索赔事件的特点及自己所掌握的证据资料等因素来确定。其次,承包人应注意每项开支款的合理性,并指出相应的证据资料的名称及编号。切忌采用笼统的计价方法和不实的开支款额。

(4)证据部分。证据部分包括该索赔事件涉及的一切证据资料,以及对这些证据的说明。证据是索赔报告的重要组成部分,没有可靠的证据,索赔是不能成功的。在引用证据时,承包人要注意该证据的效力或可信程度。因此,承包人最好对重要的证据资料附以文字证明或确认件。例如,对一个重要的电话内容,仅附上自己的记录本是不够的,最好附上经过双方签字确认的电话记录或附上发给对方要求确认该电话记录的函件,即使对方未给复函,也可说明责任在对方,因为对方未复函确认或修改,按惯例应理解为已默认。

2.6.2 索赔费用的计算

1. 索赔费用的组成

对于不同原因引起的索赔,承包人可索赔的具体费用内容是不完全一样的。但归纳起来,索赔费用的要素与工程造价的构成基本类似,一般可归结为分部分项工程费(包括人工费、材料费、施工机具使用费、管理费、利润)、措施项目费(单价措施、总价措施)、规费与税金、其他相关费用。

索赔费用的计算

1)分部分项工程费、单价措施项目费

工程量清单漏项或非承包人原因的工程变更,造成增加新的工程量清单项目,其对应的综合单价的确定按照工程变更价款的确定原则进行。

(1)人工费。人工费的索赔包括以下内容:完成合同之外的额外工作花费的人工费用;超过法定工作时间加班劳动;法定人工费增长;因非承包商原因导致工效降低增加的人工费用,因非承包商原因导致工程停工的人员窝工费和工资上涨费等。增加工作内容的人工费应按照计日工费计算,停工损失费和工作效率降低的损失费按窝工费计算。窝工费的标准可在合同中约定。

【例 2.20】 某施工合同约定,施工现场主导施工机械一台,由承包商租赁,台班单价为 500 元/台班,租赁费为 150 元/台班,人工工资为 80 元/工日,窝工补贴为 30 元/工日,以人工费为基数的综合费率为 30%。在施工过程中,发生了如下事件:①异常恶劣天气导致工程停工 3 天,人员窝工 45 个工日;②恶劣天气导致场外道路中断,抢修道路用工 15 工日;③场外大面积停电,停工 2 天,人员窝工 15 工日。计算承包商可向业主索赔的费用。

【分析】 各事件的处理结果如下。

异常恶劣天气导致的停工通常不能进行费用索赔。

抢修道路用工的索赔额 = 15×80×(1+30%)元 = 1560 元。

停电导致的索赔额 = (2×150+15×30)元 = 750 元。

总索赔费用 = (1560+750)元 = 2310 元。

(2)材料费。材料费的索赔包括:索赔事件的发生造成材料实际用量超过计划用量而增加的材料费;发包人原因导致工程延期,期间的材料价格上涨和超期储存费用。材料费应包括运输费、仓储费,以及合理的损耗费用。承包商管理不善,造成材料损坏失效不能列入索赔款项。

【例 2.21】 某项目的承包人于 2020 年 7 月 1 日接到发包人通知"取消部分施工内容"的函,发包人取消三层西立面的铝合金窗户。对此部分内容,承包人提出费用索赔。计算承包人可索赔费用中的原材料直接损失费。

【分析】 加工所需已购原材料的损失。

① 已购原材料表如表 2-12 所示。

表 2-12　已购原材料表

序号	名称	数量	单位	单价/元	合计/元
1	76×44×1.6 管	320	支	40	12 800
2	百叶片	800	片	12	9600
3	百叶框	100	支	24	2400
4	50 中空压条	60	支	14	840
5	50 中空压线	160	支	11	1760
6	30 连接角	50	支	19	950
7	22×15 管	40	支	15	600
合计					28 950

② 五金配件定金。承包人于 2020 年 4 月 8 日签署五金配件订购合同,同时支付订金 18 000 元(详见定金收据)。发包人取消该工作内容,导致承包人违约造成双倍赔偿供货商定金,共计 36 000 元。

③ 钢化中空玻璃定金。承包人于 2020 年 6 月 1 日签署钢化中空玻璃订购协议并支付定金 5000 元。

综上所述,原材料直接损失费用 = (28 950+36 000+5000)元 = 69 950 元。

(3)施工机具使用费。施工机具使用费的索赔包括以下内容:完成合同之外的额外工作增加的机具使用费；非承包人原因导致工效降低增加的机具使用费；发包人或工程师指令错误或迟延导致机械停工的台班停滞费；窝工引起的施工机械费索赔。当施工机械属于施工企业自有时，按照机械折旧费计算；当施工机械是施工企业从外部租赁时，按照租赁费计算。

【例 2.22】　某建设项目在施工过程中，发包人提供的材料未按时到达施工现场导致施工暂停 3 天，致使总工期延长 2 天。施工现场有租赁的塔式起重机 2 台，自有的砂浆搅拌机 4 台。塔式起重机台班单价为 400 元/台班，租赁费为 280 元/台班，砂浆搅拌机台班单价为 150 元/台班，折旧费为 60 元/台班。施工单位就该事件提出工期索赔和机械费索赔。索赔是否成立？如成立，应索赔的机械费为多少元？

【分析】　施工单位索赔成立。发包方提供的材料未按时到场造成停工，责任由建设单位承担，索赔成立。该事件对总工期的影响只有 2 天，故工期可索赔 2 天。索赔的机械费如下。

塔式起重机应按租赁费用计算，即 $2 \times 2 \times 280$ 元＝1120 元。

砂浆搅拌机应按机械折旧费计算，即 $2 \times 4 \times 60$ 元＝480 元。

总索赔费用＝1120＋480＝1600 元。

（4）管理费。管理费包括现场管理费和总部（企业）管理费两部分。现场管理费的索赔包括承包人完成合同之外的额外工作以及由于发包人原因导致工期延期期间的现场管理费，包括管理人员工资、办公费、通信费、交通费等。总部（企业）管理费的索赔主要指的是由于发包人原因导致工程延期期间承包人向公司总部提交的管理费，包括总部职工工资、办公大楼折旧、办公用品、财务管理、通信设施以及总部领导人员赴工地检查指导工作的开支。

（5）利润。一般来说，由于工程范围的变更、发包人提供的文件有缺陷或错误、发包人未能提供施工场地以及因发包人违约导致的合同终止等事件引起的索赔，承包人都可以列入利润。比较特殊的是，根据《标准施工招标文件》（2007 年版）通用合同条款第 11.3 的规定，对于因发包人原因暂停施工导致的工期延误，承包人有权要求发包人支付合理的利润。

索赔利润的计算通常与原报价单中的利润百分率保持一致。但是应当注意的是，工程量清单中的单价是综合单价，已经包含了人工费、材料费、施工机具使用费，企业管理费、利润以及一定范围内的风险费用，在索赔计算中不应重复计算。

2）总价措施项目费

总价措施项目费（安全文明施工费除外）由承包人根据措施项目变更情况，提出适当的措施费变更，经发包人确认后调整。

3）规费与税金

规费与税金按原报价中的规费费率与税率计算。

4）其他相关费用

其他相关费用主要包括因非承包人原因造成工期延误而增加的相关费用，如迟延付款利息、保险费、分包费用等。

2. 索赔费用的计算

索赔费用的计算以赔偿实际损失为原则，包括实际费用法、总费用法、修正总费用法三种方法。

（1）实际费用法。实际费用法是指按照各索赔事件所引起损失的费用分别计算，然后将各个项目的索赔值汇总。这种方法以承包商实际支付的价款为依据，是施工索赔时最常用的一种方法。

（2）总费用法。总费用法是指发生多起索赔事件时，重新计算该工程的实际总费用，减去原合同价，差额即为承包人的费用。

（3）修正总费用法。修正总费用法是指发生多起索赔事件时，在总费用计算的基础上，去掉一些不合理的因素，使其更合理。修正内容主要包括修正索赔款的时段、修正索赔款时段内受影响的工作、修正受影响工作的单价。按修正后的总费用计算索赔金额的公式为

$$索赔金额 = 某项工作调整后的实际总费用 - 该项工作的报价费用$$

注意在施工过程中可能出现共同延误的情况，索赔时应先分析初始延误的责任方，再进行索赔。

3. 索赔的最终时限

发承包双方办理竣工结算后，承包人不能再对已办理完的结算提出索赔。承包人在提交的最终清算申请中，只针对竣工结算以后发生的事件进行索赔，索赔期限在发承包双方最终清算时终止。

4. 发包人对承包人的索赔

在合同履行的过程中，由于非发包人原因（材料不合格、未能按照监理人要求完成缺陷补救工作、承包人修改进度计划导致发包人有额外投入、管理不善延误工期等）而遭受损失，发包人按照合同约定的时间向承包人索赔。发包人可以选择下列一种或几种方式获得赔偿：

① 延长质量缺陷修复期限；

② 要求承包人支付实际发生的额外费用；

③ 要求承包人按合同约定支付违约金。

承包人应付给发包人的索赔金额可以从拟支付给承包人的合同价款中扣回，也可以由承包人以其他方式支付给发包人，具体方式由发承包双方在合同中约定。

【例 2.23】 新冠疫情引起的免责事件索赔案例。

1）案例背景

某工程建设项目的发包人与承包人签订了施工合同，工期是 400 天。2019 年 10 月份开工，已经完成部分施工。2020 年年初，湖北省首先发现新冠病例。随后，24 个省份先后发生新冠疫情，共波及超过 200 个县和市区。这场突如其来的疫情，严重威胁了建筑工人的身体健康和生命安全，也影响了在建工程的进度。为了避免人员密集与交叉传染，许多工地停工。工地上的工人有了恐慌情绪，数位工人因害怕染上新冠病毒不辞而别。为了抗击新冠疫情，政府采取了大量措施，如限制人群聚集活动，甚至停工、停业、停课，征用物资和交通工具等。

2）争议事件

国家有关部门为了防止传染性疾病的扩散进行了交通管制，致使材料、设备等不能及时到位。在疫情防控的压力之下，工程的承包人不得不安排现场施工人员停工，延误了工程的计划工期。鉴于已经完成部分工程的实施建设，承包人以高工资安排部分管理及施工人员驻扎在项目现场进行监管。同时，承包人在合理期限内证明并提供了一份索赔报告提交给监理人，得到的发包人的回复是允许暂停施工，工期不予顺延。新冠疫情得到有效控制后，工程再次开工，承包人经过计算发现赶工也很难在原定的计划工期内完成工程。于是，承包人将此次疫情当成不可抗力事件，根据所签订合同的相关条款，再次提出以下索赔：①传染性疾病导致的工期索赔；②停工期间必须支付的部分工人的工资；③停工期间在现场监管、清理等人员的费用索赔。发包人仍然不赞成承包人提交的索赔要求。

3）争议焦点

本事件的焦点在于根据所发生的传染性疾病情形，承包人必须停工，在此情况下造成的

工期延误以及现场监管人员的工资索赔等是否应得到发包人的补偿。

4）争议分析

发包人不同意将传染性疾病事件认定为不可抗力,传染性疾病的影响程度不同,政府采取的相应措施也不同,故应先判断其达到何种程度可对工程项目造成实质性的影响,进而认定传染性疾病能否构成不可抗力。通过整理以往研究成果和相关规范性文件中的内容,如果承包人能够分析此次的新冠疫情实属不可抗力,则可以按照免责事由的处理原则向发包人提出索赔要求。而且从传染性疾病的特质描述和等级划分,以及政府采取的相关措施来看,可从持续时间、传播途径、影响范围、危害程度和限制人员流动五个方面分析其满足不可抗力事件的"三不原则"。

① 不可预见性。由于传染性疾病暴发突然、产生原因十分复杂,具有专业医学知识的医学专家也无法准确预见其发生的时间、地点、持续时间、影响范围、危害程度等,即具有无法预见的客观性。

② 不可避免性。从传播途径来看,由于人类依赖大自然生存,现今的医疗水平还无法做到完全避免传染性疾病的传播;从传染性疾病的影响范围和危害程度来看,人与人、人与动物之间的密切接触程度是无特定关系的。因此,发生病例死亡和经济损失都是在做出努力后仍不可避免的;政府为了防止疫情传播进行交通管制,致使材料、设备不能按时到位,这些强制性措施承包人不能违抗,是不可避免的。

③ 不能克服性。从传染性疾病疫情暴发至今,医学界还没有研制出确切有效的医疗方法阻止传染源的传播扩散和克服传染性疾病的发生,传染性疾病没有明确的传染源。政府为了防止疫情的传播而禁止大规模的群众活动,要求工程项目封闭施工,使得工程存在窝工、进度缓慢的现象,这也是无法克服的。

综上所述,可以看出新冠疫情已经达到不可抗力事件的"三不原则",因此,承包人可以按照免责事由的处理原则来达成索赔的目标。

5）解决方案

承包人在律师等专业人员的帮助下,多次提交索赔文件,发包人最终意识到新冠疫情的危险性、承包人停工的必要性,以及按时完工的困难性。于是,双方在一番探讨后同意按照免责事由来解决此索赔事件。双方达成由于危险传染性疾病导致工程遭遇不可抗力的索赔工作共识,发包人同意按照网络分析法计算得出总延误时间为批准顺延工期,也给予了现场照管人员部分费用。

案例总结:对于不可抗力事件的处理,承包人应搜集并整理资料,按照免责事由来申请相应的索赔;发包人的重点是分析和研判发生的事件是否达到不可抗力事件的层级。这些都对发承包双方的管理工作提出了挑战。发承包双方可以在条款中将严重传染性疾病列入不可抗力的范畴或者在专用合同条款中说明此类风险事件的处理方式。

2.6.3 工期索赔的计算

工程施工中常常会发生一些不能预见的干扰事件使施工不能顺利进行,使预定的施工计划受到干扰,造成工期延长。

工期索赔就是取得发包人对于合理延长工期的合法性的确认。施工过程中,许多原因都可能导致工期拖延,但只有在某些情况下才能进行工期索赔,具体详见《标准施工招标文件》中承包人的索赔事件及可补偿内容。

1. 工期索赔中应注意的问题

(1)划清施工进度拖延的责任。承包人的原因造成施工进度滞后,属于不可原谅的延期;承包人不应承担任何责任的延误,才是可原谅的延期。有时,工程延期的原因中可能包含双方责任,此时监理人应进行详细分析,分清责任比例,只有可原谅的延期部分才能批准顺延合同工期。可原谅的延期又可细分为可原谅并给予补偿费用的延期和可原谅但不给予补偿费用的延期。后者是指非承包人责任的影响并未导致施工成本的额外支出,大多属于发包人应承担风险责任事件的影响,如异常恶劣的气候条件影响的停工等。

(2)被延误的工作应是处于施工进度计划关键线路上的施工内容。位于关键线路上的工作内容的滞后,才会影响竣工日期。但有时也应注意,既要看被延误的工作是否在批准进度计划的关键线路上,又要详细分析这个延误对后续工作的可能影响。因为若对非关键线路工作的影响时间较长,超过了该工作可自由支配的时间,也会导致进度计划中非关键线路转化为关键线路,其滞后将影响总工期的拖延。此时,发包人应充分考虑该工作的自由时间,给予相应的工期顺延,并要求承包人修改施工进度计划。

2. 共同延误的处理

在实际施工过程中,工期延误很少是只由一方造成的,往往是多种原因同时(先后)发生(或相互作用)而形成的,故称为"共同延误"。在这种情况下,造价人员要具体分析哪种情况的延误是有效的,应依据以下原则。

(1)先判断造成延误的哪一种原因是最先发生的,即确定"初始延误者",它应对工期延误负责。在初始延误者产生作用期间,其他并发的延误者不承担责任。

(2)如果初始延误者是发包人原因,则在发包人原因造成的延误期内,承包人既可得到工期延长,又可得到经济补偿。

(3)如果初始延误者是客观原因,则在客观原因产生影响的延误期内,承包人可以得到工期延长,但很难得到费用补偿。

(4)如果初始延误者是承包人原因,则在承包人原因造成的延误期内,承包人既不能得到工期补偿,也不能得到费用补偿。

3. 工期索赔的计算

工期索赔的计算方法主要有网络图分析法和比例计算法两种。

(1)网络图分析法。网络图分析法通过分析延误发生前后的网络计划,对比两种工期计算结算,计算索赔值。

分析的基本思路:假设工程施工一直按原网络计划确定的施工顺序和工期进行;现在发生了一个或多个延误,使网络中的某个或某些活动受到影响(如延长持续时间)、活动之间逻辑关系变化或增加新的活动;将这些活动受影响后的持续时间代入网络图,重新进行网络图分析,得到新工期;新工期与原工期之差即为延误对总工期的影响,即为工期索赔值。如果延误的工作为关键工作,则总延误的时间为批准顺延的工期。如果延误的工作为非关键工作,当该工作由于延误超过时差限制而成为关键工作,可以批准延误时间与时差的差值;若该工作延误后仍为非关键工作,则不存在工期索赔的问题。

(2)比例计算法。该方法主要适用于工程量增加时工期索赔的计算,计算公式为

工期索赔值＝(额外增加的工程量的价值÷原合同总价)×原合同总工期

【例2.24】 某承包人于2021年3月20日与某发包人签订了修建建筑面积为1.2万平方米工业厂房(带地下室)的施工合同。承包人编制的施工方案和进度计划已获监理工程师批准。该工程的基坑开挖土方为5000 m³,假设直接费单价为5.5元/m³,综合费率为直接费的25%。该基坑施工方案规定土方工程采用租赁一台斗容量为1 m³的反铲挖掘机施工(租赁费为650元/台班)。甲、乙双方通过合同约定4月11日开工,4月20日完工。在实际施工中发生了如下几项事件。

① 因租赁的挖掘机大修,晚开工2天,造成人员窝工10个工日。

② 施工过程中,因遇软土层,4月15日接到监理工程师的停工指令,进行地质复查,配合用工10个工日。

③ 4月19日接到监理工程师于4月20日复工令,同时,发包人提出基坑开挖深度加深2 m的设计变更通知单,由此增加土方开挖量1000 m³。

④ 4月20日—4月22日,下大雨迫使基坑开挖暂停,造成人员窝工10个工日。

⑤ 4月23日用20个工人修复冲坏的永久道路,4月24日恢复挖掘工作,最终基坑于4月30日挖坑完毕。

【问题】 (1)分析承包人对上述哪些事件可以向发包人要求索赔,哪些事件不可以要求索赔,并说明原因。

(2)每项事件工期索赔各是多少天? 总计工期索赔是多少天?

(3)假设人工费单价为160元/工日,因增加用工所需的管理费为增加人工费的35%,则合理的费用索赔总额是多少?

【分析】 问题(1):

事件①:索赔不成立。此事件发生原因属承包人自身责任。

事件②:索赔成立。该施工地质条件的变化是一个有经验的承包人无法合理预见的。

事件③:索赔成立。这是设计变更引发的索赔。

事件④:索赔成立。这是特殊反常的恶劣天气造成的工程延误。

事件⑤:索赔成立。恶劣的自然条件或不可抗力引起的工程损坏及修复应由发包人承担责任。

问题(2):

事件②:索赔工期5天(4月15日—4月19日)。

事件③:索赔工期2天。增加工程量引起的工期延长,按批准的施工进度计划计算。原计划每天完成工程量为5000÷10 m³＝500 m³,现增加工程量1000 m³,因此应增加工期为1000÷500 天＝2天。

事件④:索赔工期3天(4月20日—4月22日)。自然灾害造成的工期延误责任由发包人承担。

事件⑤:索赔工期1天,即4月23日。

共计索赔工期为(5＋2＋3＋1)天＝11天。

问题(3):

事件②:人工费为10×160×(1＋35%)元＝2160元;机械费为650×5元＝3250元。

事件③:(1000×5.5)×(1＋25%)元＝6875元。

事件⑤:人工费为20×160×(1＋35%)元＝4320元;机械费为650×1元＝650元。

索赔费用总额为(2160＋3250＋6875＋4320＋650)元＝17 255元。

任务 7　工程签证类引起的合同价款调整

工程建设项目一般投资大,建设周期长,不确定因素较多,施工合同不可能,也无法对未来整个施工周期内可能发生的情况都做出预见和约定。因此,在实际施工过程中难免发生签证。

1. 工程签证的概念

工程签证是指发承包双方就施工过程中涉及的责任事件所做的签认证明,是按合同约定对支付各种费用、顺延工期、赔偿损失所达成的双方意思表示一致的补充协议,互相书面确认的签证即成为工程结算或最终结算增减工程造价的凭据。

在施工过程中,就施工图纸、设计变更、工程量清单所确定工作内容以外的责任事件所做的签认证明,都可以称为工程签证。工程签证单可以对施工中出现的进度计划更改、施工条件变化、技术规范变化,以及施工管理中发生的零星事件等事项予以确认,如地下障碍物的清除迁移、临时用工、各种技术措施处理、施工过程中出现的奖励和惩罚问题、建设单位委托承包人的零星工程(在施工合同之外),以及设计变更导致已施工部位的拆除等。

2. 工程签证的内容

(1)建设单位原因(未按合同规定的时间和要求提供施工场地、甲供材料和设备等)造成承包人停工、窝工损失,属于工程签证。

(2)建设单位原因(如停水、停电)造成工程中途停建、缓建或由于设计变更以及设计错误等造成承包人停工、窝工、返工而发生损失,属于工程签证。

(3)施工过程中出现的未包含在合同中的各种技术处理措施,如在施工过程中由于工作面过于狭小、施工作业超过一定高度,需要使用大型机具方可保证工程的顺利进行,造成承包人额外增加施工费用,属于工程签证。

(4)设计变更导致已施工的部位需要拆除,属于工程签证。

(5)在施工过程中,施工自然条件发生变化,如地下状况(土质、地下水、构筑物及管线等)变化造成的地基处理的额外费用等,属于工程签证。

(6)发包单位在施工合同之外,委托给承包人施工的零星工程,属于工程签证。

3. 工程签证的分类

从签证的表现形式来划分,施工过程中发生的签证主要有设计修改变更通知单、工程联系单和现场签证三类。这三类签证的内容,出具人和使用人都不相同,其所起的作用和目的也不同。

1)设计修改变更通知单

设计修改变更通知单是由原设计单位出具的针对原设计的修改和变更。一项工程的施工图由于受各种条件、因素的限制,往往会存在某些不足,要在施工过程中加以修改、完善,所以要下发设计变更通知单。设计变更通知单如表 2-13 所示。

表 2-13　设计变更通知单

设计单位		设计编号	
工程名称			

内容：

设计单位(公章)： 代表：	发包人(公章)： 代表：	监理单位(公章)： 代表：	承包人(公章)： 代表：

2）工程联系单

工程联系单，发包人、承包人、监理方都可以使用，作为工程参与各方联系工作事宜使用，较其他指令形式缓和，易于被对方接受。

【**例 2.25**】　某工程 2♯楼覆土签证事宜(见表 2-14)。

表 2-14　覆土签证事宜工程联系单

工程名称	××市铁路片区棚改安置房建设项目	事由	关于 2♯楼覆土签证及工期事宜
主送单位	××市保障性住房建设管理有限公司	抄送单位	××工程咨询有限公司

内容：

　　由我司承建的铁路片区棚改安置房建设项目 2♯楼，现处于±0.00 梁板模板铺设阶段。2022 年 3 月 3 日贵单位针对 2♯楼主楼(2－9 轴＊2－M 轴交点至 2－27 轴＊2－E 轴交点连线以东区域)及地下室(18 轴＊J 轴交点与 2－27 轴＊2－E 轴交点连线以东区域)相关区域要求我单位采取的相关措施导致 2♯楼主楼及地下室部分区域无法施工。

　　2022 年 5 月 19 日在收到建设单位指令后，项目部对 2♯楼主楼(2－9 轴＊2－M 轴交点至 2－27 轴＊2－E 轴交点连线以东区域)及地下室(18 轴＊J 轴交点与 2－27 轴＊2－E 轴交点连线以东区域)相关区域进行清理、拆除作业。

　　以上事宜请贵单位予以签证。

施工单位(章)：

项目经理：	经办人：	年　月　日

监理单位意见：

监理单位(章)	总监：	监理工程师：	年　月　日

审计单位意见：

经办人：	审核人：	年　月　日

建设单位意见：

经办人：	审核人：	年　月　日

签收人：

3）现场签证

现场签证是指发包人或其授权现场代表（包括工程监理人、工程造价咨询人）与承包人或其授权现场代表就施工过程中涉及的责任事件所做的签认证明。施工合同履行期间出现现场签证事件的,发承包双方应调整合同价款。

（1）现场签证的提出。

承包人应发包人要求完成合同以外的零星项目、非承包人责任事件等工作的,发包人应及时以书面形式向承包人发出指令,提供所需的资料;承包人在收到指令后,应及时向发包人提出现场签证要求。

现场签证的范围一般包括以下内容:

① 适用于施工合同范围以外零星工程的确认;

② 在工程施工过程中发生变更后需要现场确认的工程量;

③ 符合施工合同规定的非承包人原因引起的工程量或费用增减;

④ 非承包人原因导致的人工、设备窝工及有关损失;

⑤ 确认修改施工方案引起的工程量或费用增减;

⑥ 工程变更导致的工程施工措施费增减等。

（2）现场签证的要求。

① 形式规范。

承包人应发包人要求完成合同以外的零星项目、非承包人责任事件等工作的,发包人应及时以书面形式向承包人发出指令,提供所需的资料。工程实践中有些突发紧急事件需要处理,监理下达口头指令,施工单位予以实施,施工单位应在实施后及时要求监理单位完善书面指令,或者通过现场签证方式得到建设单位和监理单位对口头指令的确认。若未经发包人签证确认,承包人擅自施工的,除非征得发包人书面同意,否则发生的费用应由承包人承担。

② 内容完整。

一份完整的现场签证应包括时间、地点、缘由、事件后果、处理方式等内容,并由发承包双方授权的现场管理人员签章。

③ 及时进行。

承包人应在收到发包人指令后,在合同约定的时间（合同未约定时按规范明确的时间）内办理现场签证。

（3）现场签证的价款计算。

① 现场签证的工作如果已有相应的计日工单价,现场签证报告中仅列明完成该签证工作所需的人工、材料、工程设备和施工机具的数量。

② 如果现场签证的工作没有相应的计日工单价,除在现场签证报告中列明完成该签证工作所需的人工、材料、工程设备和施工机具台班的数量外,还要列明其单价。

承包人应按照现场签证内容计算价款,报送发包人确认后,作为增加合同价款,与进度款同期支付。

（4）现场签证的限制。

合同工程发生现场签证事项,未经发包人签证确认,承包人便擅自实施相关工作的,除非征得发包人书面同意,否则发生的费用由承包人承担。

【例 2.26】 某工程的工程量签证单(见表 2-15)。

表 2-15　某工程的工程量签证单

施工部位	2#楼地下室顶板,需搭设模板,并覆土
签证原因	2#楼地下室顶板施工后,需暂停施工
工程量及说明	1. 9 m 高满堂脚手架 1000 m²; 2. 9 m 高平板模板(模板为一次性摊销)1000 m²; 3. 回填土方 1000×0.2 m³=200 m³; 4. 人工清理板面土方 200 m³,人工装车外运 50 m; 5. 破除 25 cm 厚混凝土路面,装车外运 10 km; 6. 重新浇筑 25 cm 厚 C25 混凝土路面; 7. 停工 75 天,造成停工损失明细如下: ① 管理人员工资为 340 625 元; ② 外脚手架租赁费用为 27 250 元; ③ 塔吊租赁费及司机工资为 95 375 元

施工单位(签字盖章)	监理单位(签字盖章)	跟踪审计(签字盖章)	建设单位(签字盖章)
年　　月　　日	年　　月　　日	年　　月　　日	年　　月　　日

知识拓展

设计变更、工程签证与工程索赔的区别

设计变更:对原设计图纸进行的修正、设计补充或变更,由设计单位提出并经建设单位认可后发至承包人及其他相关单位;由建设单位提出,由设计单位签证认可,再由建设单位下发。工程变更就是设计单位或发包人对会审后的图纸进行的个别修改。

工程签证:一般情况下是在工程承包范围以外发生的工作内容,双方针对该工作内容办理的认证文件,如土方开挖时地下意外出现的流沙、文物等,必须进行处理,进行处理就必然发生费用,因此双方应根据实际处理的情况及发生的费用办理工程签证。工程签证是施工过程中发现、发生在图纸或合同以外的。

设计变更、工程签证是工程发承包方双方在合同履行中,对工程质量变化、设计变化、工期增减、价款调整等达成的双方意思表示一致的补充协议,双方互相书面确认的设计变更单和工程签证单是工程结算增减工程造价的凭据。

(1)设计变更和工程签证是发承包双方意思表示一致的产物。一方提出签证要约,另一方给予承诺,是双方的法律行为,其法律后果是确认事实或者变更合同。

(2)涉及的双方利益已经确定,可直接作为工程结算的凭据。承包人凭借设计变更单和工程签证单,可以要求发包人延迟工期、增加价款或赔偿损失,否则索赔无据。

（3）设计变更和工程签证是施工中的例行工作，一般不依赖证据。

工程索赔是工程发承包双方在合同履行过程中，对于并非自己过错，并应由对方承担责任情形所造成的损失，向对方提出经济补偿或工期顺延等要求，是单方的权利主张。

工程索赔的主要特征如下：

（1）与设计变更和工程签证是双方法律行为的特征不同，工程索赔是双方未能协商一致的结果，是单方主张权利的要求，是单方法律行为。

（2）与设计变更和工程签证涉及的利益已经确定的特点不同，工程索赔涉及的利益尚待确定，是一种期待权益。

（3）与设计变更和工程签证一般不依赖证据不同，工程索赔是要求未获确认权利的单方主张，必须依赖证据。

习　题

一、单项选择题

1.根据《建设工程工程量清单计价规范》的规定，如果承包人未按照合同约定施工，导致实际进度迟于计划进度，承包人应加快进度，实现合同工期，产生的费用（　　）由承担。

A.发包人　　　　B.承包人　　　　C.监理单位　　　　D.保险公司

2.根据《建设工程工程量清单计价规范》的规定，工程量偏差和工程变更等原因导致工程量偏差超过（　　）时，综合单价可以进行调整。

A.10％　　　　B.15％　　　　C.20％　　　　D.5％

3.发承包双方应优先按照（　　）调整合同价款。

A.法律法规　　　B.合同约定　　　C.计价规范　　　D.计价定额

4.某建设工程的开标日期为 2022 年 9 月 26 日，该工程的基准日为（　　）。

A.8 月 27 日　　B.8 月 30 日　　C.8 月 26 日　　D.8 月 25 日

5.某招标工程的招标控制价为 1500 万元，中标价为 1350 万元，结算价为 1100 万元，则承包人报价浮动率为（　　）。

A.10％　　　　B.12.5％　　　　C.14％　　　　D.13.5％

6.已标价工程量清单中没有适用，也没有类似变更工程项目的，由承包人根据变更工程资料、计量规则和计价办法、工程造价管理机构发布的信息价格和承包人报价浮动率，提出变更工程项目的单价或总价，报（　　）确认后调整。

A.造价师　　　　B.项目经理　　　C.发包人　　　　D.监理工程师

7.某工程图纸设计说明中独立基础的强度等级为 C35，招标工程量清单中的特征描述为 C25，实际施工时使用 C30 混凝土，则结算时按（　　）计价。

A.C25　　　　　B.C30　　　　　C.C35

8.某土方工程，招标文件中估计工程量为 30 万立方米。合同中规定，土方工程单价为 10 元/m³；当实际工程量减少估计工程量的 15％时，单价调整为 12 元/m³。工程结束时实际完成土方工程量为 28 万立方米，则土方工程款为（　　）万元。

A.309　　　　　B.300　　　　　C.336　　　　　D.360

9.某工程由于甲方要求,增加了 C25 混凝土路面工程项目。合同中规定,材料单价在投标文件中已有的执行投标文件中的材料单价。已标价清单中,C25 混凝土单价为 395 元/m³,当期工程造价信息中为 405 元/m³,签订合同时工程造价信息中为 389 元/m³,则应选取(　　)作为该项目的材料单价。

A.405 元/m³　　　　B.395 元/m³　　　　C.389 元/m³　　　　D.双方临时约定

10.根据《建设工程工程量清单计价规范》的规定,承包人采购材料和工程设备的,应在合同中约定主要材料、工程设备价格变化范围或幅度;当没有约定,且材料、工程设备单价变化超过(　　)时,应该调整材料、工程设备费。

A.1%　　　　B.5%　　　　C.3%　　　　D.4%

11.某土方工程,招标文件中估计工程量为 30 万立方米。合同中规定,土方工程单价为 12 元/m³;当实际工程量超过估计工程量 15% 时,超过部分单价调整为 10 元/m³。工程结束时实际完成土方工程量为 40 万立方米,则土方工程款为(　　)万元。

A.469　　　　B.400　　　　C.480　　　　D.300

12.因不可抗力事件导致损失,下面说法正确的是(　　)。

A.发承包人员伤亡应由发包人负责　　B.承包人的施工机械损坏由发包人承担

C.工程修复费用由承包人承担　　　　D.工程所需清理费用由发包人负责

13.因业主原因造成工地全面停工 5 天,使总工期延长 4 天,造成窝工共 50 工日。人工费为 102 元/工日,按照合同约定非施工单位原因造成窝工的按人工费的 60% 计取。应索赔的人工费为(　　)元。

A.5100　　　　B.3060　　　　C.4800　　　　D.3600

14.在施工过程中,因业主原因导致暂停施工 4 天,使总工期延长 3 天。施工现场有租赁的塔式起重机 1 台。塔式起重机台班单价为 800 元/台班,租赁费为 400 元/台班。应索赔的机械费为(　　)元。

A.3200　　　　B.1200　　　　C.2400　　　　D.1600

15.因发包人责任造成工期延误和(或)承包人不能及时得到合同价款及承包人的其他经济损失时,在索赔事件发生后(　　)天内,承包人向工程师发出书面索赔意向通知。

A.14　　　　B.7　　　　C.42　　　　D.28

二、多项选择题

1.以下对索赔描述正确的有(　　)。

A.发包人也可向承包人索赔

B.索赔是一种惩罚,不是补偿

C.索赔必须在合同约定时间内进行

D.索赔可以是经济补偿

E.索赔可以是工期顺延要求

2.索赔成立的条件有(　　)。

A.与合同对照,事件已造成非责任方的额外支出

B.造成费用增加或工期损失的原因,按合同约定不属于己方

C.非责任方按合同规定的程序向责任方提交索赔意向通知书和索赔报告

D.索赔事件为合同约定范围内工作

E.耽误工期小于本工程的总时差

3.索赔费用包括(　　)。

A.人工费　B.材料费　C.施工机械使用费　　　D.管理费和利润　　　E.税金

4.以下对索赔人工费描述正确的有(　　)。

A.合同以外的增加的人工费

B.非承包人原因引起的人工降效

C.法定工作时间以外的加班

D.法定人工费增长

E.承包人原因导致的窝工

5.索赔费用的计算方法有(　　)。

A.综合单价法

B.实际费用法

C.总费用法

D.修正总费用法

E.对比分析法

6.下面属于工程变更类的合同价款调整事项的有(　　)。

A.法律法规变化

B.项目特征描述不符

C.工程量偏差

D.物价变化

E.提前竣工(赶工补偿)

7.下面属于工程变更事项的有(　　)。

A.增加或减少合同中任何工作,追加额外的工作

B.改变合同中任何工作的质量标准或其他特性

C.改变工程的时间安排或实施顺序

D.实际施工与招标工程量清单特征描述不符

8.根据《建设工程工程量清单计价规范》的规定,工程变更调整的原则有(　　)。

A.已标价清单中有适用于变更工程的项目的,直接采用该项目单价

B.已标价清单中有适用于变更工程项目且工程量偏差在15%以内,直接采用该项目单价

C.已标价清单中没有适用,但有类似变更工程项目的,合理范围内参照类似项目的单价

D.已标价清单中没有适用,也没有类似变更工程项目的,双方在合同中约定确认单价的方法

9.根据《建设工程工程量清单计价规范》的规定,物价波动时合同价款的调整方法有（　　）。

A.价格指数调整价格差额法

B.造价信息调整价格差额法

C.加权平均法

D.系数法

10.下列说法正确的有（　　）。

A.发包人应当依据工程的工期定额合理计算工期,压缩的工期不得超过定额工期的20%,超过的应在招标文件中明示增加赶工费用

B.承包人不应承担工程量清单缺项的风险与损失

C.价格指数调整价格差额法适用于施工中所用的材料品种较多,使用量不大的工程

D.发包人延迟提供图纸,承包人可以得到工期、费用和利润补偿

E.不实行招标的工程,一般以建设工程施工合同签订前的42天作为基准日

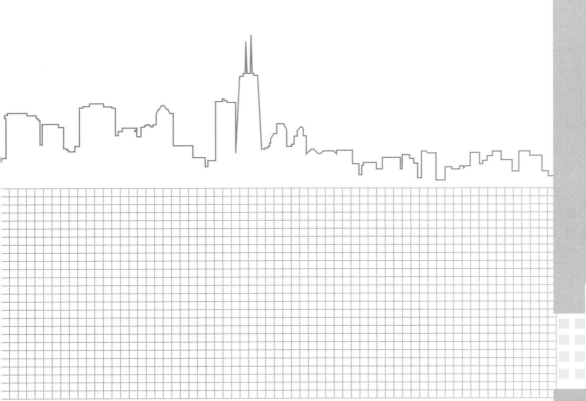

模块三

工程结算程序

GONGCHENG JIESUAN CHENGXU

内容提要

本章结合《建设工程工程量清单计价规范》《建设工程价款结算暂行办法》等讲述预付款的计算、支付与扣回,工程计量,进度款的计算与支付,竣工结算、最终清算的程序,是课程学习的重点和难点。

知识目标

1.掌握预付款的计算、支付与扣回。
2.掌握工程计量的方法。
3.掌握进度款的计算与支付。
4.掌握竣工结算、最终清算的程序与计算。

能力目标

能通过对工程预付款、进度款、竣工结算及最终清算知识的学习掌握,按照计算规范、计价规范及工程价款结算办法的要求进行工程进度款计算,为编制竣工结算和最终清算做好准备。

素质目标

1. 培养学生勤奋工作,独立、客观、公正、准确地出具工程造价成果文件,使客户满意的敬业精神。
2. 培养学生诚实守信,尽职尽责,恪守职业道德,不得有欺诈、伪造、作假等行为的意识。

工程结算是指承包商在工程实施过程中,依据承包合同中有关付款条款的规定和已经完成的工程量,按照规定的程序向发包方收取工程款的一项经济活动。工程结算一般采用预付、中间支付、竣工结算的方式进行。

任务 1   预付款

预付款是在开工前,发包人按照合同约定,预先支付给承包人用于购买工程施工所需的材料、工程设备以及组织施工机械和人员进场等的款项。预付款的额度、时间和预付办法应在专用合同条款中约定。

3.1.1　预付款的概念和性质

1. 预付款的概念

预付款是在工程正式开工前,发包人按照合同约定预先支付给承包人的储备工程主要材料、结构件所需的工程款。预付款用于承包人为合同工程施工购置材料、工程设备,购置或租赁施工设备,修建临时设施,以及组织施工队伍进场等。根据工程发承包合同的规定,发包人在开工前拨给承包人一定限额的预付备料款,作为承包工程项目储备主要材料、构配件所需的流动资金。

预付的工程款必须在合同中约定,并在进度款中进行抵扣。对于没有签订合同或不具备施工条件的工程,发包人不得预付工程款,不得以预付工程款为名转移资金。

2. 预付款的性质

预付款仅用于承包人支付施工开始时与本工程有关的动员费用。如承包人滥用此款,发包人有权立即收回。在承包人向发包人提交金额等于预付款数额(发包人认可的银行开出)的银行保函后,发包人按规定的金额和规定的时间向承包人支付预付款。在发包人全部扣回预付款之前,该银行保函将一直有效。

预付款是发包人为解决承包人在施工准备阶段资金周转问题提供的协助,是发包人支付的施工开始时与本工程有关的动员费用,具有预支的性质。

3.1.2　预付款支付

1. 预付款的支付期限及违约责任

按照《建设工程工程量清单计价规范》的规定,在具备施工条件的前提下,承包人应在签订合同或向发包人提供与预付款等额的预付款保函(如有)后向发包人提交预付款支付申请。

预付款的额度
与支付时间

发包人应在收到支付申请的 7 天内进行核实,向承包人发出预付款支付证书,并在签发支付证书后的 7 天内向承包人支付预付款。

发包人没有按时支付预付款的,承包人可催告发包人支付;发包人在预付款期满后的 7 天内仍未支付的,承包人可从付款期满后的第 8 天起暂停施工。发包人应承担因此增加的费用和延误的工期,并向承包人支付合理利润。

2. 预付款的限额

按照现行《建设工程价款结算暂行办法》的规定,发包人应按合同约定的预付款金额支付预付款。预付款的数额确定,一般遵循以下规则:包工包料工程的预付款按合同约定拨付,原则上预付比例不低于合同金额的 10%,不高于合同金额的 30%;重大工程项目的预付款按年度工程计划逐年预付。执行《建设工程工程量清单计价规范》的工程,实体性消耗和非实体性消耗部分应在合同中分别约定预付款比例。

在实际工作中,预付款的数额,要根据工程类型、合同工期、承包方式等不同条件而定。一般来说,主要材料在工程造价中所占比重高的项目,工程预付款的数额也要相应提高;工期短的工程比工期长的工程的预付款高;材料由施工单位自行购置的工程比由建设单位供应材料的工程的预付款高;只包定额工日(不包材料定额,一切材料由建设单位供给)的工程项目,可以不预付工程款。

3. 预付款担保

发包人要求承包人提供预付款担保的,承包人应在发包人支付预付款 7 天前提供预付款担保,专用合同条款另有约定除外。预付款担保可采用银行保函、担保公司担保等形式,具体形式由合同当事人在专用合同条款中约定。在预付款完全扣回之前,承包人应保证预付款担保持续有效。发包人在工程款中逐期扣回预付款后,预付款担保额度应相应减少,但剩余的预付款担保金额不得低于未被扣回的预付款金额。

4. 预付款的支付程序

按照我国的有关规定,实行工程预付款的,双方应当在专用条款内约定发包人向承包人预付工程款的时间和数额,开工后按约定的时间和比例逐次扣回。预付款的支付程序如图 3-1 所示。

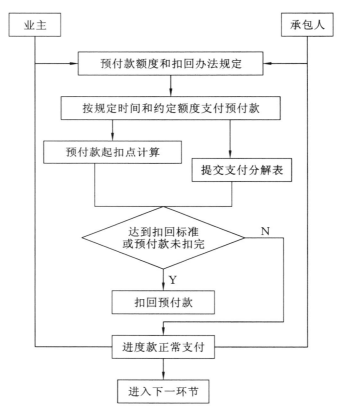

图 3-1　预付款的支付程序

预付款的扣回
与担保

3.1.3　预付款的扣回

预付款应从每个支付期应支付给承包人的工程进度款中扣回,直到扣回的金额达到合同约定的预付款金额。

承包人的预付款保函(如有)的担保金额根据预付款扣回的数额

相应递减,但在预付款全部扣回之前应一直有效。发包人应在预付款扣完后的14天内将预付款保函退还给承包人。

发包人拨付给承包人的预付款属于预支性质,到了工程实施后,随着工程所需主要材料储备的逐步减少,预付款应以抵充工程价款的方式陆续扣回。预付款起扣点如图3-2所示。

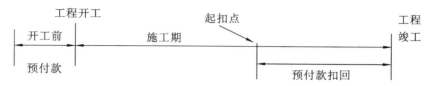

图3-2 预付款起扣点

扣回的方法有以下两种。

(1)从未施工工程尚需的主要材料及构件的价值相当于工程预付款数额时起扣,从每次结算工程价款中,按材料比重扣抵工程价款,竣工前全部扣清,即按材料比重扣抵工程款,如图3-3所示。

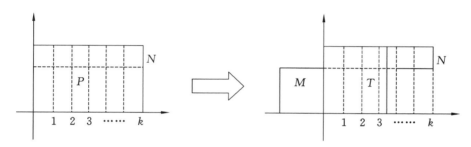

图3-3 预付款起扣图示

预付款起扣点的公式为

$$T = P - \frac{M}{N}$$

式中:T——起扣点,即预付款开始扣回时的累计完成工作量金额;

M——预付款限额;

N——主要材料及设备构件所占的比重;

P——承包工程价款总额(或建安工作量价值)。

当已完工程超过开始扣回预付款时的工程价值时,发包人就要从每次结算工程价款中扣回预付款。每次应扣回的数额按下列方法计算。

$$第一次应扣回的预付款 = \left(\begin{array}{c} 累计已完 \\ 工程价值 \end{array} - \begin{array}{c} 开始扣回款预付时 \\ 的工程价值 \end{array} \right) \times 主要材料费比重$$

以后每次应扣回的预付款 = 每次结算的已完工程价值 × 主要材料费比重

(2)按合同约定扣款,由发包人和承包人通过洽商在合同中约定,一般是在承包人完成金额累计达到合同总价的一定比例(双方合同约定)后,由发包方从每次应支付给承包方的进度款中扣回预付款,直到扣回的金额达到合同约定的预付款金额。

【例3.1】 某工程的签约合同价为1000万元,预付款的额度为15%,材料费占60%。

工程产值统计表如表 3-1 所示。

表 3-1　工程产值统计表

月份	1	2	3	4	5	6	合计
产值/万元	150	110	240	260	200	40	1000

【问题】　(1)计算预付款。

(2)合同约定按照起扣点计算法确定起扣点和起扣时间,计算起扣点和起扣时间(计算结果保留 2 位小数)。

(3)合同约定从结算价款中按材料和设备占施工产值的比重扣回预付款,计算各期扣回的预付款。

【分析】　(1)预付款为 1000×15％万元＝150 万元。

(2)预付款起扣点为(1000－150/0.60)万元＝750 万元。

1～4 月的总产值为(150＋110＋240＋260)万元＝760 万元,从 4 月起扣。

(3)4 月扣回的预付款为(760－750)×60％万元＝6 万元。

5 月扣回的预付款为 150×60％万元＝90 万元。

6 月扣回的预付款为(150－6－90)万元＝54 万元。

3.1.4　安全文明施工费的预付

(1)安全文明施工费的内容和范围,应以国家和工程所在地省级建设行政主管部门的规定为准。

(2)发包人应在工程开工后的 28 天内,预付不低于当年施工进度计划的安全文明施工费总额的 60％,其余部分与进度款同期支付。

(3)发包人没有按时支付安全文明施工费的,承包人可催告发包人支付;发包人在付款期满后的 7 天内仍未支付的,若发生安全事故,发包人应承担相应责任。

(4)承包人应对安全文明施工费专款专用,应单独在财务账目中列项备查,不得挪作他用,否则发包人有权要求其限期改正;逾期未改正的,造成的损失和延误的工期由承包人承担。

3.1.5　总承包服务费预付

(1)发包人应在工程开工后的 28 天内,向承包人预付总承包服务费的 20％,分包进场后,其余部分与进度款同期支付。

(2)发包人未按合同约定向承包人支付总承包服务费时,承包人可不履行总承包服务义务,造成的损失(如有)由发包人承担。

任务 2 工程计量

3.2.1 工程计量的概念

工程计量是发承包双方根据合同约定,对承包人已经完成合同工程的数量进行的计算和确认,是发包人支付工程价款的前提。因此,工程计量是发包人控制施工阶段工程造价的关键环节。

具体来说,工程计量就是双方根据设计图纸、技术规范以及施工合同约定的计量方式和计算方法,对承包人已经完成的质量合格的工程实体的数量进行测量和计算,并以物理计量单位或自然计量单位进行标识、确认的过程。

工程计量

招标工程量清单所列的数量,是根据设计图纸计算的数量。在施工过程中,一些原因会导致承包人实际完成工程量与工程量清单中所列工程量不一致,如招标工程量清单缺项或项目特征描述与实际不一致、工程变更、现场施工条件变化、现场签证以及暂估价中专业工程发包等。在工程合同价款结算前,发包人必须对承包人履行合同义务所完成的实际工程进行准确的计量。

3.2.2 工程计量的原则

(1)工程量应当按照相关工程的现行国家计量规范规定的工程量计算规则计算。不符合合同文件的工程不予计量。工程必须满足设计图纸、设计规范等合同文件对其在工程质量上的要求,同时,工程的工程质量验收资料要齐全、手续要完备,满足合同文件对其在工程管理上的要求。

(2)工程计量可选择按月或按工程形象进度分段计量,具体的计量周期在合同中约定。

工程计量的方法、范围、内容和单位受合同文件约束,其中工程量清单(说明)、技术规范、合同条款均会从不同角度、不同侧面涉及这方面的内容。在计量中,计量人员要严格遵循这些文件的规定并将它们结合起来使用。

(3)承包人原因造成的超出合同工程范围施工或返工的工程量,发包人不予计量。

3.2.3 工程计量的范围和依据

(1)工程计量的范围:工程量清单及工程变更所修订的工程量清单的内容;合同文件中规定的各种费用支付项目,如索赔、预付款、价格调整和违约金等。

(2)工程计量的依据:工程量清单及说明、合同图纸、工程变更及其修订的工程量清单、合同条件、技术规范、有关计量的补充协议和质量合格证书等。

3.2.4　工程计量的方法

工程量必须按照相关工程现行国家工程量计量规范规定的工程量计算规则计算；工程计量可选择按月或按工程形象进度分段计量，具体计量周期应在合同中约定。工程计量通常分为单价合同计量和总价合同计量。成本加酬金合同按单价合同的计量规定计量。

1. 单价合同计量

单价合同工程量多以承包人完成合同工程应予计量的工程量确定。施工中进行工程计量时，若招标工程量清单中出现缺项、工程量偏差、工程变更引起工程量增减，工程量应按承包人在履行合同义务中完成的工程量计算。

为了规范计量行为，《建设工程工程量清单计价规范》给出了工程计量申请（核准）表的规范格式，如表 3-2 所示。

表 3-2　工程计量申请（核准）表

工程名称：　　　　标段：　　　　　　　　　　　　　　　第　页　共　页

序号	项目编码	项目名称	计量单位	承包人申报数量	发包人核实数量	发承包人确认数量	备注

承包人代表：	监理工程师：	造价工程师：	发包人代表：
日期：	日期：	日期：	日期：

2. 总价合同计量

采用工程量清单方式招标形成的总价合同的工程量应按照与单价合同相同的方式计算。对于采用经审定批准的施工图纸及其预算方式发包形成的总价合同，除按照工程变更规定引起的工程量增减外，总价合同各项目的工程量应为承包人用于结算的最终工程量。总价合同约定的项目计量应以合同工程经审定批准的施工图纸为依据，发承包双方应在合同中约定工程计量的形象目标或时间节点。

3. 工程量的确认

（1）承包人应按专用条款约定的时间向工程师提交已完工程量报告。工程师接到报告后 7 天内按设计图纸核实已完工程量（计量），计量前 24 小时通知承包人，承包人为计量提供便利条件并派人参加。承包人收到通知不参加计量的,计量结果有效,并作为工程价款支付的依据。

(2)工程师收到承包人报告后7天内未计量,从第8天起,承包人报告中开列的工程量即视为确认,作为工程价款支付的依据。工程师不按规定的时间通知承包人,致使承包人未能参加计量,计量结果无效。

(3)承包人超出设计图纸范围和承包人原因造成返工的工程量,工程师不予计量。

工程计量程序如图3-4所示。

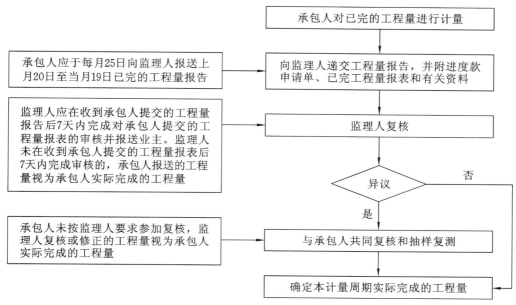

图3-4 工程计量程序

【例3.2】 在某桥梁施工中,计量支付条款规定灌注桩按照设计图以"m"计量,其单价包括所有材料及施工的各项费用。根据这个规定,如果承包商为了保证施工质量擅自按27 m/根进行灌注桩施工,而桩的设计长度为25 m/根,应如何计量?

【分析】 业主只计量25 m/根,按25 m/根付款;承包商多做的2 m/根灌注桩所消耗的费用,业主不予补偿。

【例3.3】 某深基础土方开挖工程的合同约定土方工程量按设计图示基础的底面积乘以挖土深度按体积进行计量。施工中施工单位为了施工的安全、边坡的稳定,扩大开挖范围,导致土方工程量增加500 m³,又遇到地下障碍物,导致土方工程量增加150 m³。工程师应如何计量?

【分析】 对于因保证施工安全、边坡稳定,扩大开挖范围导致土方工程量增加的500 m³,工程师不应计量。因为根据合同约定,土方工程量按设计图示基础的底面积乘以挖土深度按体积计量,扩大开挖范围是施工单位自身施工措施导致的,不在合同范围之内。

对于地下障碍物导致土方工程量增加的150 m³,工程师应计量,因为按合同规定遇到地下障碍物是业主应承担的风险。

【例3.4】 某工程基础底板的设计厚度为1 m,承包商根据以往的施工经验,认为设计有问题,未报监理工程师,即按1.2 m施工。对于多完成的工程量,在计量时,监理工程师如何计量?

【分析】　对于多完成的工程量,在计量时,监理工程师不予计量。因为承包人只有收到经发包人签认的变更指示后,方可实施变更。未经许可,承包人不得擅自对工程的任何部分进行变更。此案例中,承包商未报监理工程师许可,将基础底板按1.2 m施工,多完成的工程量属于擅自更改,发生的费用和导致发包人的直接损失,由承包人承担,故不予计量。

【例3.5】　某污水处理项目,承包人在土方开挖施工组织没有正式提交监理和发包人前,经监理及业主同意,进行土方大开挖,基坑开挖深度为5 m,上口长98 m,宽47 m。基坑一侧有一个已完工投产的沉淀池,在开挖前,承包人以口头形式要求在靠近沉淀池一侧按设计要求打两排钢板桩,但发包人和监理以造价太高为由拒绝,于是承包人采取自然放坡的形式开挖,后由于靠近沉淀池一侧土方部分坍塌和不均匀沉降,原沉淀池边一排水管破裂,土方在水浸泡下大面积坍塌。事故发生后,承包人积极采取措施补救,在靠近沉淀池一侧重新打两排钢板桩并做混凝土护坡,调来四台抽水机连续抽水。事后,承包人将土方施工组织(是在事故发生后)正式提交给监理并提出索赔,但监理和发包人以下述两个理由拒绝签证:

① 承包人的土方施工组织是在事故发生后才正式提交给监理的;

② 监理和发包人口头拒绝了打两排钢板桩,但没有拒绝打一排钢板桩,承包人施工组织不力。施工措施不周导致的事故,额外发生的工程量及其费用不予认可。

监理的理由合理吗?承包人是否应该对坍塌事故产生的工程量进行计算并提出索赔?

【分析】　监理和发包人的理由是合理的。承包人不应该对坍塌事故产生的工程量进行计算,也不能索赔。具体原因如下。

(1)承包人要求打两排钢板桩,但发包人和监理以造价太高为由拒绝。但是发包人没有指示承包人不采取有效的措施防止事故的发生,发包人希望其采取造价低的措施,但承包方没有继续提出合理化建议,采取的自然放坡措施没有保证好施工质量,所以承包人要承担主要责任。

(2)承包人的土方施工组织是在事故发生后才正式提交给监理的,说明发包人和监理没有认同承包方的施工措施计划,不能形成正式协议,所以承包人是在没有和发包人及监理达成共识的情况下进行施工,应承担责任。

任务 3　进度款

进度款是指承包人在施工过程中,按月(或形象进度)完成的工程数量计算各项费用,向发包人办理的支付金额(中间结算)。进度款的结算可采用按月结算或分阶段结算的方式。下面,我们以按月结算为例,讲述工程进度款的结算和支付。

进度款

3.3.1　进度款的计算

本期应支付的合同价款(进度款)=本期已完工程的合同价款×支付比例 −本周期应扣减金额。

1. 本期已完工程的合同价款

已标价工程量清单中的单价项目的合同价款应按工程计量确认工程量乘以综合单价计算。综合单价发生调整的,承包人以发承包双方确认调整的综合单价计算进度款。

已标价工程量清单中的总价项目的合同价款应按合同中约定的进度款支付分解,分别列入进度款支付申请中的安全文明施工费与本周期应支付的总价项目的金额。

2. 结算价款的调整

承包人现场签证和得到发包人确认的索赔金额列入本期应增加的金额。

3. 进度款的支付比例

进度款的支付比例按照合同约定,按期中结算价款总额计,不低于 60%,不高于 90%。

4. 本期应扣减金额

(1) 应扣回的预付款。预付款应从每个支付期应付给承包人的工程款中扣回,直到扣回的金额达到合同约定的预付款金额。

(2) 发包人提供的甲供材料金额。发包人提供的材料、工程设备金额应按照发包人签约提供的单价和数量从进度款支付中扣除,列入本周期应扣减的金额。

3.3.2 期中支付所需文件

1. 进度款支付申请

承包人应在每个计量周期到期后的第 7 天内向发包人提交已完工程进度款支付申请,一式四份,详细说明此周期有权得到的款项,包括分包人已完工程款。《建设工程工程量清单计价规范》给出了进度款支付申请(核准)表的规范格式,如表 3-3 所示。

表 3-3 进度款支付申请(核准)表

工程名称:　　　　　　　　标段:　　　　　　　　　　　　编号:

致:＿＿＿＿＿＿＿＿＿＿＿＿(发包人全称)

　　我方于＿＿＿＿＿至＿＿＿＿＿期间已完成了＿＿＿＿＿＿工作,根据施工合同的约定,现申请支付本周期的合同款额为(大写)＿＿＿＿＿＿(小写)＿＿＿＿＿＿,请予核准。

序号	名称	实际金额/元	申请金额/元	复核金额/元	备注
1	累计已完成的合同价款				
2	累计已实际支付的合同价款				
3	本周期合计完成的合同价款				
3.1	本周期已完成单价项目的金额				
3.2	本周期应支付的总价项目的金额				
3.3	本周期已完成的计日工价款				
3.4	本周期应支付的安全文明施工费				

续表

序号	名称	实际金额/元	申请金额/元	复核金额/元	备注
3.5	本周期应增加的合同价款				
4	本周期合计应扣减的金额				
4.1	本周期应抵扣的预付款				
4.2	本周期应扣减的金额				
5	本周期应支付的合同价款				

附:上述 3、4 详见附件清单。

承包人(章)

造价人员_____　　　　　承包人代表_____　　　　　日期

复核意见: □ 与实际施工情况不相符,修改意见见附件。 □ 与实际施工情况相符,具体金额由造价工程师复核。 监理工程师_____ 日期_____	复核意见: 你方提出的支付申请经复核,本周期已完成合同款为(大写)_____(小写)_____,本周期应支付金额为(大写)_____(小写)_____。 造价工程师_____ 日期_____

审核意见:
□ 不同意。
□ 同意,支付时间为本表签发后的 15 天内。

发包人(章)_____
发包人代表_____
日期_____

注:1.在选择栏中的"□"内做标识("√")。

　　2.本表一式四份,由承包人填报,发包人、监理、造价咨询人、承包人各存一份。

2. 进度款支付证书

发包人应在收到承包人的进度款支付申请后,根据计量结果和合同约定对申请内容进行核实,确认后向承包人出具进度款支付证书。若发承包双方对部分清单项目的计量结果出现争议,发包人应对无争议部分的工程计量结果向承包人出具进度款支付证书。

3. 支付证书的修正

发现已签发的任何支付证书有错、漏或重复的数额,发包人有权修正,承包人也有权提出修正申请。经发承包双方复核同意修正的,应在本次到期的进度款中支付或扣除。

3.3.3　进度款的支付

(1)除专用合同条款另有约定外,发包人应在签发进度款支付证书后的 14 天内,按照支付证书列明的金额向承包人支付进度款。发包人逾期支付进度款的,应按照中国人民银行发布的同期同类贷款基准利率支付违约金。

（2）发包人逾期未签发进度款支付证书，则视为承包人提交的进度款支付申请已被发包人认可，承包人可向发包人提交付款通知。发包人应在收到通知后 14 天内，按照承包人支付申请金额向承包人支付进度款，并按约定的金额扣回预付款。

（3）符合规定范围合同价款调整、工程变更调整的合同价款及其他条款中约定的追加合同价款应与工程款同期支付。

（4）发包人超过约定时间不支付工程款，承包人可催告发包人支付，并有权获得延迟支付的利息；发包人在期满后的 7 天内仍未支付的，承包人可在付款期满后的第 8 天起暂停施工。发包人应承担增加的费用和延误工期的后果，向承包人支付合理利润并承担违约责任。

根据《建设工程工程量清单计价规范》中对进度款支付的相关规定，进度款的支付步骤如图 3-5 所示。

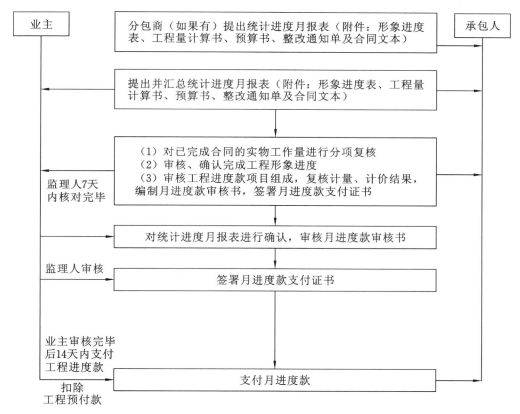

图 3-5 进度款的支付步骤

【例 3.6】 某工程的签约合同价为 800 万元，预付款的额度为 15%，材料费占 40%。各月完成工程量如表 3-4 所示。不考虑其他扣款。

表 3-4 各月完成工程量

月份	7	8	9	10	11	12
完成工程量/万元	100	100	200	150	150	100

【问题】 (1) 计算预付款。

(2) 合同约定按照起扣点计算法确定起扣点和起扣时间,计算起扣点和起扣时间。

(3) 计算每月应支付的费用。

【分析】 (1) 预付款为 $800 \times 15\%$ 万元 $= 120$ 万元。

(2) 预付款起扣点为 $(800 - 120/0.4)$ 万元 $= 500$ 万元。

7—10 月完成的总工程量为 $(100 + 100 + 200 + 150)$ 万元 $= 550$ 万元,从 10 月起扣。

(3) 每月进度款的支付如下。

① 10 月扣回预付款为 $(550 - 500) \times 40\%$ 万元 $= 20$ 万元。

② 11 月扣回预付款为 $120 \times 40\%$ 万元 $= 48$ 万元。

③ 12 月扣回预付款为 $(120 - 20 - 48)$ 万元 $= 52$ 万元。

每月进度款的支付如表 3-5 所示。

表 3-5　每月进度款的支付

月份	7	8	9	10	11	12
完成工程量/万元	100	100	200	150	150	100
应扣回预付款/万元	0	0	0	20	48	52
进度款/万元	100	100	200	130	102	48

任务 4　质量保证金

3.4.1　质量保证金的概念

质量保证金是发包人与承包人在建设工程承包合同中约定,从应付的工程款中预留,用来保证承包人在缺陷责任期内对建设工程出现的缺陷进行维修的资金。采用工程质量保证担保、工程质量保险等其他保证方式的,发包人不得再预留质量保证金。

3.4.2　质量保证金的约定、扣留、返还及管理

1. 质量保证金的约定

《建设工程质量保证金管理办法》规定,发包人应当在招标文件中明确质量保证金预留、返还等内容,并与承包人在合同条款中对涉及质量保证金的下列事项进行约定:

① 质量保证金预留、返还方式。

② 质量保证金预留比例、期限。

③ 质量保证金是否计付利息,如计付利息,利息的计算方式。

④ 缺陷责任期的期限及计算方式。

⑤ 质量保证金预留、返还及工程维修质量、费用等争议的处理程序。

⑥ 缺陷责任期内出现缺陷的索赔方式。

2. 质量保证金的扣留

质量保证金的扣留有以下三种方式：

① 在支付工程进度款时逐次扣留，在此情形下，质量保证金的计算基数不包括预付款的支付、扣回以及价格调整的金额；

② 工程竣工结算时一次性扣留；

③ 双方约定的其他扣留方式。

除专用合同条款另有约定外，质量保证金的扣留原则上采用上述第①种方式。工程实际中一般采取第②种方式，即在工程竣工结算时一次性扣留质量保证金。如果承包人在发包人签发竣工结算支付证书后 28 天内提交质量保证金保函，发包人应同时退还扣留的作为质量保证金的工程价款。

住房和城乡建设部、财政部发布的《建设工程质量保证金管理办法》（建质〔2017〕138号）的第七条规定："发包人应按照合同约定方式预留保证金，保证金总预留比例不得高于工程价款结算总额的 3％，合同约定由承包人以银行保函替代预留保证金的，保函金额不得高于工程价款结算总额的 3％。"

3. 质量保证金的返还

在缺陷责任期内，承包人应认真履行合同约定的责任。约定的缺陷责任期满，承包人向发包人申请返还质量保证金。发包人在接到承包人返还质量保证金的申请后，应于 14 日内会同承包人按照合同约定的内容进行核实。如无异议，发包人应当在核实后 14 日内将质量保证金返还给承包人。

发包人逾期支付的，从逾期之日起，按照同期银行贷款利率计付利息，并承担违约责任。发包人在接到承包人退还质量保证金的申请后 14 日内不予答复，经催告后 14 日内仍不予答复，视为认可承包人的返还质量保证金的申请。

缺陷责任期满时，承包人未完成缺陷责任的，发包人有权扣留与未履行责任剩余工作所需金额相应的质量保证金，并有权根据约定要求延长缺陷责任期，直至承包人完成剩余工作。

4. 质量保证金的管理

在缺陷责任期内，实行国库集中支付的政府投资项目，质量保证金的管理应按国库集中支付的有关规定执行。其他的政府投资项目的质量保证金可以预留在财政部门或预留给发包人。在缺陷责任期内，如果发包人被撤销，保证金随交付使用资产一并移交使用单位管理，由使用单位代行发包人职责。社会投资项目，采用预留质量保证金方式的，发包人及承包人可以约定将质量保证金交由金融机构托管；采用工程质量保证担保、工程质量保险等其他保证方式的，发包人不得再预留质量保证金，并按照有关规定执行。

3.4.3　缺陷责任期内缺陷责任的承担

在缺陷责任期内，对于承包人造成的缺陷，承包人应负责维修，并承担鉴定及维修费用。

如果承包人不维修也不承担费用,发包人可按合同约定扣除保证金,并要求承包人承担违约责任。承包人维修并承担相应费用后,不免除对工程的一般损失赔偿责任。对于他人造成的缺陷,发包人负责组织维修,承包人不承担费用,发包人不得从质量保证金中扣除费用。

任务 5 竣工结算

按照《建设工程价款结算暂行办法》的规定,工程完工后,发承包人需要根据约定的合同价款、工程价款结算签证单以及施工过程中变更价款等资料进行最终结算。

竣工结算是指承包人按照合同规定内容全部完成所承包的工程,经验收合格,并符合合同要求之后,对照原设计施工图,根据增减变化内容,编制调整工程价款,向发包人办理的最终工程价款结算。

工程竣工结算分为单位工程竣工结算、单项工程竣工结算和建设项目竣工总结算。其中,单位工程竣工结算和单项工程竣工结算也可看作分阶段结算。

3.5.1 竣工结算的编审要求

(1)单位工程竣工结算由承包人编制,由发包人审查;实行总承包的工程,单位工程竣工结算由具体承包人编制,先由总包人审查,再由发包人审查。

竣工结算的编审要求
与编制依据

(2)单项工程竣工结算或建设项目竣工总结算由总(承)包人编制,发包人可直接进行审查,也可以委托具有相应资质的工程造价咨询机构进行审查。政府投资项目,由同级财政部门审查。单项工程竣工结算或建设项目竣工总结算经发承包人签字盖章后有效。

(3)合同工程完工后,承包人应在经发承包双方确认的合同工程期中价款结算的基础上汇总编制完成竣工结算文件,并在提交竣工验收申请的同时向发包人提交竣工结算文件。

(4)承包人应在合同约定期限内完成项目竣工结算编制工作,未在规定期限内完成且不提供正当理由延期的,责任自负。

3.5.2 编制依据

工程竣工结算由承包人或受其委托具有相应资质的工程造价咨询人编制,由发包人或受其委托具有相应资质的工程造价咨询人核对。工程竣工结算编制的主要依据如下:

①《建设工程工程量清单计价规范》;

② 工程合同;

③ 发承包双方实施过程中已确认的工程量及其结算的合同价款;

④ 发承包双方实施过程中已确认调整后追加(减)的合同价款;

⑤ 建设工程设计文件及相关资料;

⑥ 投标文件;

⑦ 其他依据。

3.5.3 计价原则

在采用工程量清单计价的方式下,竣工结算的编制应当规定的计价原则如下。

(1)分部分项工程和措施项目中的单价项目应依据双方确认的工程量与已标价工程量清单综合单价计算;发生调整的,应以发承包双方确认调整的综合单价计算。

(2)措施项目中的总价项目应依据合同约定的项目和金额计算;发生调整的,应以发承包双方确认调整的金额计算,其中安全文明施工费必须按照国家或省级行业建设主管部门的规定计算。

(3)其他项目应按下列规定计价:

① 计日工应按发包人实际签证确认的事项计算;

② 暂估价应按照《建设工程工程量清单计价规范》的规定计算;

③ 总承包服务费应依据合同约定金额计算,发生调整的,以发承包双方确认调整的金额计算;

④ 索赔费用应依据发承包双方确认的索赔事项和金额计算;

⑤ 现场签证费用应依据发承包双方签证资料确认的金额计算;

⑥ 暂列金额应减去工程价款调整(包括索赔、现场签证)金额计算,如有余额归发包人。

(4)规费和税金应按照国家或省级行业建设主管部门的规定计算,不得作为竞争性费用。规费中的工程排污费应按工程所在环境保护部门规定的标准缴纳后按实列入。

此外,发承包双方在合同工程实施中已经确认的工程计量结果和合同价款,在竣工结算办理中应直接纳入。

采用总价合同的,应在总价基础上,对合同约定能调整的内容及超过合同约定范围的风险因素进行调整;采用单价合同的,在合同约定风险范围内的综合单价应固定不变,并应按合同约定进行计量,且应按实际完成的工程量进行计量。

3.5.4 竣工结算程序

(1)合同工程完工后,承包人应在提交竣工验收申请前编制完成竣工结算文件,并在提交竣工验收申请的同时向发包人提交竣工结算文件。承包人未在规定的时间内提交竣工结算文件,经发包人催促后 14 天内仍未提交或没有明确答复,发包人有权根据已有资料编制竣工结算文件,作为办理竣工结算和支付结算款的依据,承包人应认可。

竣工结算程序

(2)发包人应在收到承包人提交的竣工结算文件后的 28 天内审核完毕。发包人经核实,认为承包人还应进一步补充资料和修改结算文件,应在上述时限内向承包人提出核实意见。承包人在收到核实意见后的 28 天内按照发包人提出的合理要求补充资料,修改竣工结算文件,再次提交给发包人复核后批准。

（3）发包人应在收到承包人再次提交的竣工结算文件后的 28 天内予以复核,并将复核结果通知承包人。

① 发包人、承包人对复核结果无异议的,应在 7 天内在竣工结算文件上签字确认,竣工结算办理完毕。

② 发包人或承包人认为复核结果有误的,无异议部分按照上述①规定办理不完全竣工结算;有异议部分由发包人及承包人协商解决,协商不成的,按照合同约定的争议解决方式处理。

（4）发包人在收到承包人竣工结算文件后的 28 天内,不审核竣工结算或未提出审核意见的,视为承包人提交的竣工结算文件已被发包人认可,竣工结算办理完毕。承包人在收到发包人提出的核实意见后的 28 天内,不确认也未提出异议的,视为发包人提出的核实意见已被承包人认可,竣工结算办理完毕。

（5）发包人委托工程造价咨询人审核竣工结算的,工程造价咨询人应在 28 天内审核完毕,审核结论与承包人竣工结算文件不一致的,应提交给承包人复核,承包人应在 14 天内将同意审核结论或不同意见的说明提交工程造价咨询人。工程造价咨询人收到承包人提出的异议后,应再次复核,复核无异议的,按上述第（3）条的①规定办理,复核后仍有异议的,按上述第（3）条的②规定办理。承包人逾期未提出书面异议的,视为工程造价咨询人审核的竣工结算文件已经承包人认可。

（6）对发包人或发包人委托的工程造价咨询人指派的专业人员与承包人指派的专业人员经审核后无异议的竣工结算文件,除非发包人能提出具体、详细的不同意见,发包人应在竣工结算文件上签名确认,拒不签认的,承包人可不交付竣工工程。同时,承包人有权拒绝与发包人或其上级部门委托的工程造价咨询人重新核对竣工结算文件。承包人未及时提交竣工结算文件的,发包人要求交付竣工工程,承包人应当交付;发包人不要求交付竣工工程,承包人承担照管所建工程的责任。

（7）发包人及承包人或一方对工程造价咨询人出具的竣工结算文件有异议时,可向当地工程造价管理机构投诉,申请对其进行执业质量鉴定。

（8）工程造价管理机构受理投诉后,应当组织专家对投诉的竣工结算文件进行质量鉴定,并做出鉴定意见。

（9）竣工结算办理完毕,发包人应将竣工结算书报送工程所在地（或有该工程管辖权的行业主管部门）工程造价管理机构备案。竣工结算书是工程竣工验收备案、交付使用的必备文件。

3.5.5　竣工结算价款支付流程

根据《建设工程价款结算暂行办法》的具体规定,竣工结算价款支付的基本流程如图 3-6 所示。

竣工结算支付流程包括以下四个关键环节。

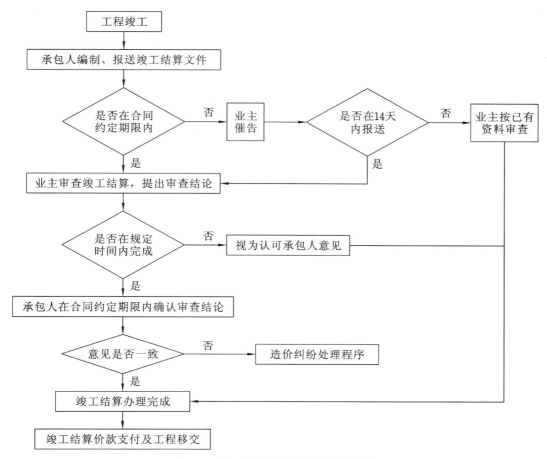

图 3-6 竣工结算价款支付的基本流程

1. 承包人递交竣工结算书

承包人应该在合同规定的时间内编制完成竣工结算书,并在提交竣工验收报告的同时将竣工结算书递交给发包人。承包人未能在合同约定时间内递交竣工结算书,经发包人催促后 14 天内仍未提供或没有明确答复的,发包人可以根据已有资料办理结算,责任由承包人自负,且发包人要求交付竣工工程的,承包人应当交付。

2. 发包人进行核对

发承包双方在办理竣工结算过程中,有关期限的确定应具体在合同中予以明确,在合同没有明确约定时,依据有关规定进行办理。

3. 工程竣工结算价款的支付

根据确认的结算报告,承包人向发包人申请支付工程竣工结算款。发包人应在收到申请后 15 天内支付结算款,到期没有支付的应承担违约责任。承包人可以催告发包人支付结算价款,如达成延期支付协议,发包人应按同期银行贷款利率支付拖欠工程价款的利息。如未达成延期支付协议,承包人可以与发包人协商将该工程折价或申请人民法院将该工程依法拍卖,承包人就该工程折价或者拍卖的价款优先受偿。

4. 工程竣工结算争议处理

当事人一方对竣工结算报告有异议的,可对工程结算中有异议的部分,向有关部门申请咨询后协商处理,若不能达成一致,双方可按合同约定的争议或纠纷解决程序办理。发包人对工程质量有异议,已竣工验收或已竣工未验收但实际投入使用的工程,其质量争议按该工程保修合同执行;已竣工未验收且未实际投入使用的工程以及停工、停建工程的质量争议,应当就有争议部分的竣工结算暂缓办理。双方可就有争议的工程委托有资质的检测鉴定机构进行检测,根据检测结果确定解决方案,或按工程质量监督机构的处理决定执行,其余部分的竣工结算依照约定办理。当事人对工程造价发生合同纠纷时,可通过下列办法解决:①双方协商确定;②按合同条款约定的办法提请调解;③向有关仲裁机构申请仲裁或向人民法院起诉。

3.5.6　竣工结算价的编制方法与内容

1. 竣工结算价的编制方法

依据《建设工程工程量清单计价规范》的规定,发承包双方应依据国家有关法律、法规和标准的规定,按照合同约定确定最终工程造价。因此,工程竣工结算价的编制应建立在施工合同的基础上,不同合同类型采用的编制方法应不同,常用的合同类型有单价合同、总价合同和成本加酬金合同三种。其中,总价合同和单价合同在工程量清单计价模式下经常使用,其竣工结算价的编制方法有两种。

(1)总价合同方式。采用总价合同的,发承包双方应在合同价基础上对设计变更、工程洽商、暂估价及工程索赔、工期奖罚等合同约定可以调整的内容进行调整。竣工结算价的计算公式为

$$竣工结算价 = 合同价 \pm 设计变更费 \pm 现场签证费 \pm 暂估价调整 \pm 工程索赔$$
$$\pm 奖罚费用 \pm 价格调整$$

(2)单价合同方式。采用单价合同的,发承包双方除对设计变更、工程洽商、暂估价以及工程索赔、工期奖罚等合同约定可以调整的内容进行调整外,还应对合同内的工程量进行调整。竣工结算价的计算公式为

$$竣工结算价 = 调整后的合同价 \pm 设计变更费 \pm 现场签证费 \pm 暂估价调整$$
$$\pm 工程索赔 \pm 奖罚费用 \pm 价格调整$$

合同内的分部分项工程量清单及措施项目工程量清单中的工程量应按招标图纸进行重新计算,在此基础上根据合同约定调整原合同价格,并计取规费和税金;单价合同中的其他项目调整同总价合同。

2. 竣工结算价编制的内容

根据《建设工程工程量清单计价规范》关于竣工结算的规定,采用工程量清单招标方式的工程,竣工结算价的编制内容如图 3-7 所示。

图 3-7　竣工结算价的编制内容

竣工结算价的编制内容如下：

（1）复核、计算分部分项工程的工程量，确定结算单价，计算分部分项工程结算价款。

（2）复核、计算措施项目工程量，确定结算单价，计算可计量工程量的措施项目结算价款，并汇总以总额计算的其他措施项目费，形成措施项目结算价款。

（3）计算、确定其他项目的结算价款。

（4）汇总上述结算价款，按合同约定的计算基数与费率计算、调整规费；用相同方法计算与调整税金。

（5）汇总上述结算金额，形成工程竣工结算价。

任务 6　最终清算

3.6.1　最终清算的时间

最终清算是指合同约定的缺陷责任期终止后，承包人已按合同规定完成全部剩余工作且质量合格的，发包人与承包人结清全部剩余款项的活动。

最终清算的
时间与计算

缺陷责任期从工程通过竣工验收之日起计。由于承包人原因导致工程无法按规定期限进行竣工验收的，缺陷责任期从实际通过竣工验收之日起计。由于发包人原因导致工程无法按规定期限进行竣工验收的，在承包人提交竣工验收报告 90 天后，工程自动进入缺陷责任期。

住房和城乡建设部、财政部发布的《建设工程质量保证金管理办法》（建质〔2017〕138号）的第二条规定："缺陷是指建设工程质量不符合工程建设强制性标准、设计文件，以及承包合同的约定。缺陷责任期一般为 1 年，最长不超过 2 年，由发、承包双方在合同中约定。"具体期限由合同当事人在专用合同条款中约定。

缺陷责任期不同于保修期。保修期是指承包人按照合同约定对工程承担保修责任的期限。

建设工程的保修期自竣工验收合格之日起计算；发包人未经竣工验收擅自使用工程的，保修期自转移占有之日起计算。国务院发布的《建设工程质量管理条例》第 40 条规定，在正常使用条件下，各项建设工程的最低保修期如下：

① 基础设施工程、房屋建筑的地基基础工程和主体结构工程，为设计文件规定的该工程的合理使用年限；

② 屋面防水工程、有防水要求的卫生间、房间和外墙面的防渗漏，为 5 年；

③ 供热与供冷系统，为 2 个采暖期、供冷期；

④ 电气管线、给排水管道、设备安装和装修工程，为 2 年；

⑤ 其他项目的保修期限由发包方与承包方约定。

建设工程在保修范围和保修期限内出现质量问题的，施工单位应当履行保修义务，并对造成的损失承担赔偿责任。

3.6.2　最终清算的计算

最终应支付的合同价款＝预留的质量保证金＋发包人原因造成缺陷的修复金额－承包人不修复缺陷、发包人组织修复的金额。

承包人认真履行合同约定的责任,到期后,承包人向发包人申请返还质量保证金。发包人原因造成缺陷的修复金额是指工程缺陷属于发包人原因造成的。该缺陷的修复受发包人安排,在缺陷责任期内,承包人予以修复。该部分费用由发包人承担,可以在最终清算时一并结算。承包人不修复缺陷、发包人组织修复的金额是指应由承包人承担的修复责任,经发包人书面催告仍未修复的,由发包人自行修复或委托第三方修复所发生的费用。

在缺陷责任期内,承包人原因造成的缺陷,承包人应负责维修,并承担鉴定及维修费用。如承包人不维修也不承担费用,发包人可按合同约定从保证金或银行保函中扣除,费用超出保证金额的,发包人可按合同约定向承包人进行索赔。承包人维修并承担相应费用后,不免除对工程的损失赔偿责任。

由他人原因造成的缺陷,发包人负责组织维修,承包人不承担费用,发包人不得从质量保证金中扣除费用。

3.6.3　最终清算的程序

1. 承包人提交最终清算支付申请

缺陷责任期终止后,承包人应按照合同约定的份数和期限向发包人提交最终清算支付

最终清算的程序

申请,并提供相应证明材料,详细说明承包人根据合同约定已经完成的全部工程价款金额,以及承包人认为根据合同规定应进一步支付的其他款项。发包人对最终清算支付申请有异议的,有权要求承包人进行修正和提供补充资料。承包人修正后,应再次向发包人提交修正后的最终清算支付申请。

2. 发包人签发最终支付证书

发包人应在收到最终清算支付申请后的 14 天内予以核实,并向承包人签发最终清算支付证书。发包人在最终清算支付申请(核准)表上选择"同意支付"并盖章,该表即变为最终支付证书。发包人未在约定时间内核实,又未提出具体意见的,视为承包人提交的最终清算申请单已被发包人认可。

3. 发包人向承包人支付最终工程价款

发包人应在签发最终清算支付证书后的 14 天内,按照最终清算支付证书列明的金额向承包人支付最终清算款。发包人未按期支付的,承包人可催告发包人在合理的期限内支付,并有权获得延迟支付的利息。

最终清算时,如果承包人被扣留的质量保证金不足以抵扣发包人工程缺陷修复费用,承包人应承担不足部分的补偿责任。

最终清算付款涉及政府投资资金的,按照国库集中支付制度等国家相关规定和专用合

同条款的约定处理。承包人对发包人支付的最终清算有异议的,按照合同约定的支付方式处理。

3.6.4 合同解除的结清

1. 因发包人违约解除合同

因发包人违约解除合同,发包人应在解除合同后 28 天内支付下列款项,并解除履约担保:

① 合同解除前所完成工作的价款;

② 承包人为工程施工订购并已付款的材料、工程设备和其他物品的价款;

③ 承包人撤离施工现场以及遣散承包人人员的款项;

④ 按照合同约定在合同解除前应支付的违约金;

⑤ 按照合同约定应当支付给承包人的其他款项;

⑥ 按照合同约定应退还的质量保证金;

⑦ 因解除合同给承包人造成的损失。

合同当事人未能就解除合同后的结清达成一致的,按照合同约定争议解决的方式处理。

承包人应妥善做好已完工程和与工程有关的已购材料、工程设备的保护和移交工作,并将施工设备和人员撤离施工现场;发包人应为承包人撤出提供必要条件。

2. 因承包人违约解除合同

除专用合同条款另有约定外,承包人明确表示或以其行为表明不履行合同主要义务的,或监理人发出整改通知后,承包人在指定的合理期限内仍不纠正违约行为并致使合同目的不能实现的,发包人有权解除合同。合同解除后,因继续完成工程的需要,发包人有权使用承包人在施工现场的材料、设备、临时工程、承包人文件和由承包人或以其名义编制的其他文件,合同当事人应在专用合同条款中约定相应费用的承担方式。发包人继续使用的行为不免除或减轻承包人应承担的违约责任。

因承包人原因导致合同解除的,合同当事人应在合同解除后 28 天内完成估价、付款和清算,并按以下约定执行:

① 合同解除后,发包人与承包人商定或确定承包人实际完成工作对应的合同价款,以及承包人已提供的材料、工程设备、施工设备和临时工程等的价值;

② 合同解除后,承包人应支付的违约金;

③ 合同解除后,因解除合同给发包人造成的损失;

④ 合同解除后,承包人应按照发包人的要求和监理人的指示完成现场的清理和撤离;

⑤ 发包人和承包人应在合同解除后进行清算,出具最终清算付款证书,结清全部款项。

因承包人违约解除合同的,发包人有权暂停对承包人的付款,查清各项付款和已扣款项。发包人和承包人未能就合同解除后的清算和款项支付达成一致的,按照合同约定的争议解决方式处理。

3. 因不可抗力解除合同

发包人应向承包人支付合同解除之日前已完成工程但尚未支付的工程款,并退回质量保证金。另外,发包人还应支付下列款项。

（1）已实施或部分实施的措施项目应付款项。

（2）承包人为合同工程合理订购且已交付的材料和工程设备货款。发包人一支付此项货款，该材料和工程设备即成为发包人的财产。

（3）承包人为完成合同工程而预期开支的任何合理款项，且该项款项未包括在本款其他各项支付之内。

（4）由于不可抗力规定的任何工作应支付的款项。

（5）承包人撤离现场所需的合理款项，包括雇员遣送费和临时工程拆除、施工设备运离现场的款项。发承包双方办理结算工程款时，应扣除合同解除之日前发包人向承包人收回的任何款项。当发包人应扣除的款项超过了应支付的款项，承包人应在合同解除后的 56 天内将差额退还给发包人。

任务 7　综合案例分析

【案例一】　某工程项目，甲、乙双方签订了关于工程价款的合同，内容如下。

（1）建筑安装工程造价为 660 万元，建筑材料及设备费占施工产值的比重为 60%，暂列金额为 40 万元。

（2）工程预付款为签约合同价（扣除暂列金额）的 20%。工程实施后，工程预付款从未施工工程尚需的主要材料及构件的价值等于工程预付款数额时起扣，从每次结算工程价款中按材料和设备占施工产值的比重抵扣工程预付款，竣工前全部扣清。

（3）工程进度款逐月计算，按各期合计完成的合同价款的 80% 支付，确认的签证、索赔等进入各期的进度款结算，竣工验收后 20 日办理竣工结算，竣工结算后支付合同价款的 95%。

（4）工程保修金为工程结算价款的 5%，竣工结算时一次扣留。

（5）材料和设备价差调整按规定执行（按有关规定，上半年材料和设备价差上调 10%，在 6 月一次调增）。工程各月实际完成产值如表 3-6 所示。

表 3-6　工程各月实际完成产值

月份	2	3	4	5	6
实际完成产值/万元	55	110	165	220	110

（6）实施过程中的相关情况如下。

① 4 月，由于发包人设计变更，费用增加 2 万元，费用已经通过签证得到了发包人的确认。

② 5 月，承包人原因导致返工，增加了 0.6 万元的费用支出，承包人办理签证未得到监理单位及发包人认可。

③ 6 月，承包人得到发包人确认的工程索赔款 1 万元。

④ 该工程在缺陷责任期发生屋面漏水，发包人多次催促承包人修理，承包人一拖再拖，最后发包人另请施工单位修理，修理费为 2.5 万元。

【问题】　(1)该工程的预付款、起扣点分别为多少,应该从哪个月开始扣?

(2)计算 2—6 月每月累计已完成的合同价款、累计已实际支付的合同价款、每月实际应支付的合同价款。

(3)工程结算总造价为多少? 质量保证金为多少? 应付工程结算款为多少?

(4)维修费该如何处理? 最终清算款是多少?

【分析】　(1)预付款为$(660-40) \times 20\%$万元$=124$万元。

起扣点为$(660-124/0.6)$万元$=453.33$万元。

$(55+110+165+220)$万元$=550$万元>453.33万元,从 5 月份开始扣预付款。

(2)2—6 月每月累计已完成的合同价款、累计已实际支付的合同价款、每月实际应支付的合同价款的计算如下。

2 月应支付的进度款$=55 \times 80\%$万元$=44$万元。

3 月应支付的进度款$=110 \times 80\%$万元$=88$万元。

4 月应支付的进度款$=(165+2) \times 80\%$万元$=133.6$万元。

5 月预付款扣回额度$=(55+110+165+2+220-453.33) \times 60\%$万元$=59.2$万元。

5 月应支付的进度款$=(220 \times 80\%-59.2)$万元$=116.8$万元。

6 月预付款扣回额度$=(124-59.2)$万元$=64.8$万元。

6 月应调增的金额$=(660 \times 60\% \times 10\%+1)$万元$=40.6$万元。

6 月应支付的进度款$=(110+40.6)$万元$\times 80\%-64.8$万元$=55.68$万元。

(3)工程结算总造价$=(552+150.6)$万元$=702.6$万元。

质量保证金$=702.6 \times 5\%$万元$=35.13$万元。

应付工程结算款$=[702.6(实际造价)-502.88(累计已付工程款)-35.13(保修金)]$万元$=164.59$万元。

(4)维修费应从乙方(承包方)的保修金中扣除。

最终清算款$=(35.13-2.5)$万元$=32.63$万元。

【案例二】　某建筑施工单位承包了某工程项目施工任务,该工程施工时间为当年 7—11月。与造价相关的合同内容如下。

(1)工程合同价为 7000 万元,工程价款采用调值公式动态结算。该工程的不调值部分价款占合同价的 20%,5 项可调值部分价款分别占合同价的 9%、22%、13%、7%和 29%。

调值公式如下:

$$P=P_0[A+(B_1 \times F_{t1}/F_{01}+B_2 \times F_{t2}/F_{02}+B_3 \times F_{t3}/F_{03}+B_4 \times F_{t4}/F_{04}+B_5 \times F_{t5}/F_{05})-1]$$

式中:P——结算期已完工程调值后结算价款;

P_0——结算期已完工程未调值合同价款;

A——合同价中不调值部分的权重;

B_1、B_2、B_3、B_4、B_5——合同价中可调值部分的权重;

F_{t1}、F_{t2}、F_{t3}、F_{t4}、F_{t5}——合同价中可调值部分结算期价格指数;

F_{01}、F_{02}、F_{03}、F_{04}、F_{05}——合同价中可调值部分基期价格指数。

(2)开工前业主向承包商支付合同价 20%的工程预付款,在工程最后两个月平均扣回。

(3)工程款逐月结算。

(4)业主自第 1 个月起,从给承包商的工程款中按 3%的比例扣留质量保证金。工程质量缺陷责任期为 12 个月。

该合同的原始报价日期为当年 5 月 20 日。合同价中可调值部分的价格指数如表 3-7

和表 3-8 所示。

表 3-7　合同价中可调值部分基期价格指数表

项目	F_{01}	F_{02}	F_{03}	F_{04}	F_{05}
5 月份指数	134.3	123.5	154.1	170.6	105

表 3-8　合同价中可调值部分结算期价格指数表

项目	F_{t1}	F_{t2}	F_{t3}	F_{t4}	F_{t5}
7 月份指数	140.1	126.2	156.4	173.2	110
8 月份指数	142.2	127.3	158.2	172.8	109
9 月份指数	144.5	128.4	157.4	172.2	107
10 月份指数	141.4	120.1	155.4	171.7	110
11 月份指数	142.8	124.2	153.9	174.5	110

未调值前各月完成的工程情况如下。

（1）7 月完成工程 1000 万元，业主供料部分材料费为 85 万元。

（2）8 月完成工程 1200 万元。

（3）9 月完成工程 1800 万元，甲方设计变更导致增加各项费用合计 33 万元。

（4）10 月完成工程 2000 万元，承包人在施工中改变原有的技术措施，造成增加费用 3 万元。

（5）11 月完成工程 1000 万元，另有批准的工程索赔款 5 万元。

【问题】　（1）该工程的预付款是多少？

（2）计算每月业主应支付给承包商的工程款。

【分析】　（1）工程预付款＝7000×20％万元＝1400 万元。

（2）每月业主应支付的工程款如下。

7 月工程量价款＝1000×[0.20＋（0.09×140.1/134.3＋0.22×126.2/123.5
$\qquad$＋0.13×156.4/154.1＋0.07×173.2/170.6＋0.29×110/105）]万元
$\qquad$＝1025.5 万元。

业主应支付工程款＝[1025.5 ×（1－3％）－85]万元＝909.735 万元。

8 月工程量价款＝1200×[0.20＋（0.09×142.2/134.3＋0.22×127.3/123.5
$\qquad$＋0.13×158.2/154.1＋0.07×172.8/170.6＋0.29×109/105）]万元
$\qquad$＝1233 万元。

业主应支付工程款＝1233×（1－3％）万元＝1196.01 万元。

9 月工程量价款＝1800×[0.20＋（0.09×144.5/134.3＋0.22×128.4/123.5
$\qquad$＋0.13×157.4/154.1＋0.07×172.2/170.6＋0.29×107/105）]万元
$\qquad$＋33 万元
$\qquad$＝1877.1 万元。

业主应支付工程款＝1877.1×（1－3％）万元＝1820.787 万元。

10 月工程量价款＝2000×[0.20＋（0.09×141.4/134.3＋0.22×120.1/123.5
$\qquad$＋0.13×155.4/154.1＋0.07×171.7/170.6＋0.29×110/105）]万元

＝2028.1 万元。

业主应支付工程款＝[2028.1×(1−3%)−1400×50%]万元＝1267.257 万元。

11 月工程量价款＝1000×[0.20＋(0.09×142.8/134.3＋0.22×124.2/123.5

＋0.13×153.9/154.1＋0.07×174.5/170.6＋0.29×110/105)]万元

＋5 万元

＝1027.2 万元。

业主应支付工程款＝[1027.2×(1−3%)−1400×50%]万元＝296.384 万元。

【案例三】 发包人与承包人就某工程项目签订了一份施工合同,工期为 4 个月。工程内容包括 A、B 两项分项工程,综合单价分别为 300 元/m³,420 元/m³;管理费和利润为人材机费用之和的 20%,规费和税金为人材机费用、管理费和利润之和的 13%。分项工程工程量及单价措施项目费用如表 3-9 所示。

表 3-9　分项工程工程量及单价措施项目费用

工程名称及工程量		月份				合计
		6	7	8	9	
A 分项工程	计划工程量/m³	180	250	200	300	930
	实际工程量/m³	200	220	250	300	970
B 分项工程	计划工程量/m³	180	210	220	190	800
	实际工程量/m³	190	200	190	220	800
单价措施项目费用/万元		3	4	3	2	12

总价措施项目费用为 8 万元(其中安全文明施工费为 3 万元);暂列金额为 10 万元。

合同中有关工程价款结算与支付的约定如下。

(1) 开工日 10 天前,发包人应向承包人支付合同价款(扣除暂列金额和安全文明施工费)的 20%作为预付款,预付款在 7、8 月的工程价款中分别按 40%和 60%扣回。

(2) 开工后 10 日内,发包人应向承包人支付安全文明施工费的 75%,剩余部分和其他总价措施项目费用在 7、8 月平均支付。

(3) 发包人按每月承包人应得工程进度款的 90%支付。

(4) 当分项工程工程量增加(或减少)幅度超过 15%时,应调整综合单价,调整系数为 0.9(或 1.1);措施项目费按无变化考虑。

(5) B 分项工程所用的两种材料采用动态结算方法结算,两种材料在 B 分项工程费用中所占比例分别为 12%和 10%,基期价格指数均为 100。

施工期间,经监理工程师核实及发包人确认的有关事项如下。

① 7 月发生现场计日工的人材机费用为 7.2 万元。

② 9 月 B 分项工程动态结算的两种材料价格指数分别为 109 和 121。

【问题】 (1) 该工程合同价为多少万元? 预付款为多少万元?

(2) 7 月发包人应支付给承包人的工程价款为多少元?

(3) 到 8 月末 B 分项工程的进度偏差为多少万元?

(4) 9 月 A、B 两项分项工程的工程价款各为多少万元? 发包人在该月应支付给承包人的工程价款为多少万元?(计算结果保留三位小数)

【分析】 （1）合同价＝[（300×930＋420×800）/10 000＋12＋8＋10]×（1＋13％）万元＝103.395 万元。

预付款＝[（300×930＋420×800）/10 000＋12＋8－3]×（1＋13％）×20％万元＝17.741 万元。

7 月扣回＝17.741×40％万元＝7.096 万元。

8 月扣回＝17.741×60％万元＝10.645 万元。

（2）7、8 月分别支付措施费＝（3×25％＋8－3）/2 万元＝2.875 万元。

7 月应支付给承包人的工程价款＝[（300×220＋420×200）/10 000＋4＋2.875＋7.2×1.2]×（1＋13％）×90％万元－7.096 万元＝23.938 万元。

（3）8 月末 B 分项工程已完工程计划投资＝（190＋200＋190）×420×（1＋13％）/10 000 万元＝27.527 万元。

8 月末 B 分项工程拟完工程计划投资＝（180＋210＋220）×420×（1＋13％）/10 000 万元＝28.951 万元。

8 月末 B 分项工程进度偏差＝已完工程计划投资－拟完工程计划投资＝（27.527－28.951）万元＝－1.424 万元。

8 月末 B 分项工程进度拖延 1.424 万元。

（4）A 分项工程工程量增加＝（970－930）/930＝4.3％＜15％，不需要调整综合单价。

9 月 A 分项工程价款＝970×300×（1＋13％）/10 000 万元＝32.883 万元。

9 月 B 分项工程价款＝[220×420×（78％＋12％×109/100＋10％×121/100）/10 000]×（1＋13％）万元＝10.773 万元。

9 月措施费＝2×（1＋13％）＝2.260 万元。

9 月应支付工程价款＝（32.883＋10.773＋2.26）×90％万元＝41.324 万元。

【案例四】 建设单位与施工单位就某工程项目签订了施工合同，工期为 5 个月。分项工程和单价措施项目的造价数据与经批准的施工进度计划如表 3-10 所示。总价措施项目费用为 18 万元（其中含安全文明施工费 4 万元）；暂列金额为 8 万元。管理费和利润为人材机费用之和的 12％。规费和税金为人材机费用与管理费、利润之和的 9％。

表 3-10　分项工程和单价措施项目的造价数据与经批准的施工进度计划

分项工程和单价措施项目				施工进度计划				
名称	工程量/m³	综合单价/(元/m³)	合价/万元	1 月	2 月	3 月	4 月	5 月
A	800	350	28	——	——			
B	600	400	24		——	——	——	
C	900	300	27		——	——		
D	700	200	14				——	——
合价			93	计划与实际施工均为匀速进度				

合同中有关工程价款结算与支付的约定如下。

（1）开工前发包人向承包人支付签约合同价（扣除总价措施费与暂列金额）的 30％作为

预付款,预付款在3、4月平均扣除。

（2）安全文明施工费工程款于开工前一次性支付;除安全文明施工费之外的总价措施项目费工程款在开工后的前4个月平均支付。

（3）施工期间除总价措施项目费外的工程款按实际施工进度逐月结算。

（4）发包人按每次承包人应得工程款的90%支付。

（5）竣工结算时扣除工程实际总价的3%作为工程质量保证金,剩余工程款一次性支付。

（6）C分项工程所需的甲种材料用量为400 m³,在招标时确定的暂估价为50元/m³;乙种材料用量为600 m³,投标报价为60元/m³。工程款逐月结算时,甲种材料按实际购买价格调整;乙种材料当购买价在投标报价的±5%以内变动时,C分项工程的综合单价不予调整,变动超过±5%以上时,超过部分的价格调整至C分项综合单价中。

该工程如期开工,施工中发生了经发承包双方确认的以下事项:

① B分项工程的实际施工时间为2—4月;

② C分项工程甲种材料实际购买价为65元/m³,乙种材料的实际购买价为70元/m³;

③ 第4个月发生现场签证零星工作的费用为3.9万元。

【问题】 （1）合同价为多少万元?预付款为多少万元?开工前支付的措施项目款为多少万元?

（2）C分项工程的综合单价是多少?3月完成的分部和单价措施费是多少万元?3月业主应付的工程款是多少万元?

（3）计算3月末累计分项工程和单价措施项目拟完工程计划费用、已完工程计划费用以及已完工程实际费用,并根据计算结果分析进度偏差(用投标额表示)与费用偏差。

（4）除现场签证费用外,若工程实际发生其他项目费用9.2万元,计算工程实际造价及竣工结算价款。(计算结果均保留三位小数)

【分析】 （1）合同价=（93+18+8）×（1+9%）万元=129.710万元。

预付款=93×（1+9%）×30%万元=30.411万元。

开工前支付的措施项目款（安全文明施工费）=4×（1+9%）×90%万元=3.924万元。

（2）增加材料款计算如下。

甲种材料实际购买价格为65元/m³,甲种材料增加材料款=400×（65−50）×（1+12%）元=6720.000元。

乙种材料实际购买价格为70元/m³,由于（70−60）/60=16.667%>5%,乙种材料增加材料款=600×60×（16.667%−5%）×（1+12%）元=4704.134元。

C分项工程的综合单价=［300+（6720.000+4704.134）/900］元/m³=312.693元/m³。

3月完成的分部和单价措施费=［24/3+（300×312.693）/10 000］万元=17.381万元。

3月业主应支付的工程款=［17.381+（18−4）/4］×（1+9%）×90%万元−30.411/2万元=5.279万元。

（3）三月末分项工程和单价措施项目如下。

累计拟完工程计划费用=（28+24+27÷3×2）×（1+9%）万元=76.300万元。

累计已完工程计划费用=（28+24÷3×2+27÷3×2）×（1+9%）万元=67.580万元。

累计已完工程实际费用＝（28＋24÷3×2＋900÷3×2×312.693/10000）×（1＋9％）万元＝68.410万元。

进度偏差＝累计已完工程计划费用－累计拟完工程计划费用＝（67.580－76.300）万元＝－8.72万元。

实际进度拖后8.72万元。

费用偏差＝累计已完工程计划费用－累计已完工程实际费用＝（67.580－68.410）万元＝－0.83万元。

实际费用增加0.83万元。

（4）工程实际造价＝[93＋（0.672＋0.4704）＋18＋3.9＋9.2]×（1＋9％）万元＝136.514万元。

竣工结算价＝136.514×（1－3％－90％）万元＝9.556万元。

【案例五】 某工程建设方与承包商签订了施工合同，合同中含有两个子项工程，估算工程量A项为2400 m³，B项为3600 m²，经协商合同价A项为250元/m³，B项为180元/m²。合同还规定：开工前业主应向承包商支付合同价25％的预付款；业主自第一个月起从承包商的工程款中，按5％的比例扣留保留金；当子项工程实际工程量超过估算工程量15％时，可进行调价，调整系数为0.9；根据市场情况规定价格调整系数平均按照1.05计算；工程师签发月度付款最低金额为30万元；预付款在最后两个月扣除，每月扣50％。承包商每月实际完成并经工程师签证确认的工程量如表3-11所示。

表3-11　承包商每月实际完成并经工程师签证确认的工程量

月份	7	8	9	10	合计
A项工程量/m³	550	800	850	600	2800
B项工程量/m³	900	1050	900	750	3600

【问题】 （1）预付款是多少？

（2）从第一个月起每月工程量价款、工程师应签证的工程款、实际签发的付款凭证金额各是多少？

【分析】 （1）预付款＝（2400×250＋3600×180）×25％万元＝31.2万元。

（2）第一个月工程量价款＝（550×250＋900×180）万元＝29.95万元。

应签的工程款＝29.95×1.05×（1－5％）万元＝29.88万元。

由于合同规定工程师签发的最低金额为30万元，故本月工程师不签发付款凭证。

第二个月工程量价款＝（800×250＋1050×180）元＝38.9万元。

应签证的工程款＝38.9×1.05×（1－5％）万元＝38.80万元。

本月工程师实际签发的付款凭证金额＝（29.88＋38.80）万元＝68.68万元。

第三个月工程量价款＝（850×250＋900×180）元＝37.45万元。

应签证的工程款为＝37.45×1.05×（1－5％）万元＝37.36万元。

应扣预付款＝31.2×50％万元＝15.6万元。

应付款为＝（37.36－15.6）万元＝21.76万元。

因本月应付款金额小于30万元，工程师不予签发付款凭证。

第四个月 A 项工程累计完成工程量为 2800 m³,(2800－2400)/2400＝16.67％＞15％,超出部分的单价应进行调整。

需调价的工程量＝[2800－2400×(1＋15％)]m³＝40 m³。

该部分工程量单价应调整为 250×0.9 元/m³＝225 元/m³。

A 项工程工程量价款＝[(600－40)×250＋40×225]万元＝14.9 万元。

B 项工程累计完成工程量与原合同相同,其单价不予调整。

B 项工程量价款＝750×180 万元＝13.5 万元。

本月完成 A、B 两项工程量价款合计＝(14.9＋13.5)万元＝28.4 万元。

应签证的工程款＝28.4×1.05×(1－5％)万元＝28.33 万元。

本月工程师实际签发的付款凭证金额＝(21.76＋28.33－31.2×50％)万元＝34.49 万元。

【案例六】 某建设项目施工合同 2 月 1 日签订,合同总价为 6000 万元,合同工期为 6 个月,双方约定 3 月 1 日正式开工。

合同中的规定如下。

(1) 1 月 15 日,发包方向承包方支付全额材料预付款。材料预付款为合同总价的 30％,工程预付款应从未施工工程尚需主要材料及构配件价值相当于工程预付款数额时起扣,每月以抵充工程款方式陆续收回(主要材料及设备费比重为 60％)。

(2) 质量保修金,从每月承包商结算工程款中按 3％的比例扣留。保修金期满后,剩余部分退还承包商。

(3) 当月承包商实际完成工程量少于计划工程量 10％以上,则当月实际工程款的 5％扣留不予支取,待竣工清算时还回工程款,计算规则不变。

(4) 当月承包商实际完成工程量超出计划工程量 10％以上的,超出部分按原约定价格的 90％计算。

(5) 每月实际完成工程款少于 900 万元时,业主方不支付,转至累计数超出时再支付。

(6) 当物价指数超出 2 月份物价指数 5％以上时,当月应结工程款应采用动态调值公式计算,即

$$P＝P_0×(0.25＋0.15A/A_0＋0.60B/B_0)$$

式中:P_0——按 2 月份物价水平测定的当月实际工程款;

　0.15——人工费在合同总价中所占比重;

　0.60——材料费在合同总价中的比重。

人工费、材料费上涨均超过 5％时调值。

(7) 工期延误 1 天或提前 1 天应支付误工费或赶工费 1 万元。

施工过程中出现如下事件(下列事件发生部位均为关键工序)。

事件 1:预付款延期支付 1 个月(银行贷款年利率为 12％,简化计算月利率按 1％计算)。

事件 2:4 月,施工单位采取防雨措施增加费用 3 万元。月中施工机械故障延误工期 1 天,费用损失 1 万元。

事件 3:5 月,外部供水管道断裂停水,施工停止,费用损失 3 万元。

事件 4:6 月,施工单位为赶在雨季到来之前完工,经甲方同意采取措施加快进度,增加赶工措施费 6 万元。

事件 5:3—4 月,施工方每月均使用甲方提供的特殊材料 20 万元。

事件 6：7 月，业主方提出施工中必须采用乙方的特殊专利技术施工以保证工程质量，发生费用 10 万元。

物价指数与各月工程款数据表如表 3-12 所示。

表 3-12　物价指数与各月工程款数据表

月份	2 月	3 月	4 月	5 月	6 月	7 月	8 月
计划工程款/万元		1000	1200	1200	1200	800	600
实际工程款/万元		1000	800	1600	1200	860	580
人工费指数	100	100	100	100	103	115	120
材料费指数	100	100	100	100	104	130	130

【问题】　根据上述背景资料按月写出各月的实际结算过程。

【分析】　材料预付款＝6000×30％万元＝1800 万元。

起扣点＝（6000−1800÷0.6）万元＝3000 万元。

累计工程款超过 3000 万元时起扣预付款，由于 3、4、5 三个月累计工程款达到 3400 万元，故从 5 月份起扣。

工程预付款延付属甲方责任，甲方应向乙方支付延付利息。施工机械故障属乙方责任，防雨措施费属乙方可预见事件，增加赶工措施费为乙方施工组织设计中应预见的费用，不能索赔。

外部供水停水属甲方责任，可以索赔。

特殊专利技术施工增加费用由甲方负担。

（1）3 月应签证工程款＝[1000×（1−3％）+1800×（12％÷12）−20]万元＝968 万元。

（2）4 月应签证工程款＝[800×（1−3％−5％）−20]万元＝716 万元，按照合同规定（716＜900），该月工程款转为五月份支付。

（3）5 月应扣预付款＝（3400−3000）×60％万元＝240 万元。

工程款计价调整＝[1200×（1+10％）+（1600−1200×1.1）×0.9]万元＝（1320+280×0.9）万元＝1572 万元。

停水事件造成延误工期 2 天，每天补偿 1 万元，其他损失补偿 3 万元。

应签证工程款＝[716+（1572+3）×（1−3％）−240]万元＝2003.75 万元。

（4）6 月，人工费、材料费指数增加 3％，4％未超过 5％不调值。

扣除预付款＝1200×60％万元＝720 万元。

应签证工程款＝[1200×（1−3％）−720]万元＝444 万元。

444＜900，当月不支付。

（5）7 月扣除预付款＝860×60％万元＝516 万元。

应签证工程款＝[860×（0.25+0.15×1.15+0.6×1.3）+10]×（1−3％）万元−516 万元+444 万元＝940.83 万元。

（6）8 月扣除预付款＝[1800−（240+720+516）]万元＝324 万元。

应签证工程款＝580×（0.25+0.15×1.2+0.6×1.3）×（1−3％）万元−324 万元+800×5％万元＝396.75 万元。

习　题

一、单项选择题

1.某包工包料工程合同价款为 900 万元(已扣除暂列金额),则预付款不得低于(　　)万元,不宜超过(　　)万元。

A.60 180　　　　B.30 300　　　　C.90 270　　　　D.45 450

2.某工程的年度计划完成产值为 600 万元,施工天数为 300 天,材料费占造价的比重为 50%,材料储备期为 100 天,按照公式计算法计算预付款为(　　)万元。

A.100　　　　B.106　　　　C.120　　　　D.110

3.《建设工程工程量清单计价规范》规定,在具备施工条件的前提下,业主应在双方签订合同后的一个月内或不迟于约定的开工日期前的(　　)天内预付工程款。

A.15　　　　B.21　　　　C.7　　　　D.14

4.某工程签约合同价为 500 万元,预付款的额度为 20%,材料费占 50%,按照起扣点计算法计算该起扣点的金额是(　　)万元。

A.350　　　　B.400　　　　C.300　　　　D.100

5.在工程进度款结算与支付中,承包商提交的已完工程量而监理应不予计量的是(　　)。

A.因业主提出的设计变更而增加的工程量

B.因承包商原因造成工程返工的工程量

C.因延长开工造成施工机械台班数量增加

D.因地质原因需要加固处理增加的工程量

6.根据《建设工程工程量清单计价规范》,承包人还清全部预付款后,发包人应在预付款扣完后的(　　)天内退还预付款保函。

A.7　　　　B.14　　　　C.42　　　　D.28

7.根据《建设工程工程量清单计价规范》,发包人应在工程开工后的(　　)天内预付不低于当年施工进度计划的安全文文明施工费总额的 60%。

A.7　　　　B.14　　　　C.42　　　　D.28

8.根据《建设工程工程量清单计价规范》,发包人认为需要现场计量核实时,应在计量前(　　)小时通知承包人。

A.24　　　　B.48　　　　C.72　　　　D.120

9.发包人应在签发进度款支付证书后的(　　)天内,按照支付证书列明的金额向承包人支付进度款。

A.7　　　　B.14　　　　C.42　　　　D.28

10.对承包人超出设计图纸范围和因承包人原因造成返工的工程量,发包人(　　)。

A.按实际计量　　B.按图纸计量　　C.不予计量　　D.与承包人协商计量

11.进度款的支付比例按照合同的约定,按期中结算价款总额计,不低于(　　),不高于(　　)。

A.40%,80%　　B.50%,100%　　C.60%,90%　　D.30%,80%

12.根据《建设工程质量保证金管理办法》（建质〔2017〕138号）第七条规定，发包人应按照合同约定方式预留保证金，保证金总预留比例不得高于工程价款结算总额的（　　）。

A.5%　　　　　　　　B.6%　　　　　　　　C.4%　　　　　　　　D.3%

13.根据《建设工程质量管理条例》第四十条的有关规定，电气管线、给排水管道、设备安装和装修工程的保修期为（　　）。

A.建设工程的合理使用年限　　　　　　B.2年

C.5年　　　　　　　　　　　　　　　D.双方协商的年限

14.单位工程竣工结算由（　　）编制，由（　　）审查。

A.发包人，主管单位　　　　　　　　　B.承包人，发包人

C.项目经理，工程师　　　　　　　　　D.监理人，造价师

15.竣工结算的方式不包括（　　）。

A.单位工程竣工结算　　　　　　　　　B.单项工程竣工结算

C.建设项目竣工结算　　　　　　　　　D.分部分项工程竣工结算

二、多项选择题

1.确定预付款额的方法有（　　）。

A.百分比法　　　　B.定额计算　　　　C.公式计算法

D.规范计算法　　　E.估算法

2.预付款的回扣方法有（　　）。

A.按合同约定扣款　　B.随时扣回　　　C.起扣点计算法　　D.最后扣回

3.预付款可以采取的担保形式有（　　）。

A.银行保函　　　　B.抵押担保　　　　C.担保公司担保

D.约定　　　　　　E.自己公司担保

4.关于预付款结算，下列说法正确的有（　　）。

A.预付款的预付比例原则上不低于合同金额（不含暂列金额）的30%，不高于合同金额（不含暂列金额）的60%。

B.对重大工程项目，按年度工程计划逐年预付

C.实行工程量清单计价的，实体性消耗和非实体性消耗部分应在合同中分别约定预付款比例

D.预付的工程款必须在合同中约定抵扣方式，并在工程进度款中进行抵扣

E.凡是没有签订合同或不具备施工条件的工程，业主不得预付工程款

5.工程结算的内容包括（　　）。

A.预付款　　　　　B.进度款　　　　　C.竣工结算款

D.工程保险费　　　E.工程保修金

6.工程竣工结算编制的主要依据（　　）。

A.《建设工程工程量清单计价规范》

B.投标文件

C.工程合同

D.发承包双方实施过程中已确认的工程量及其结算的合同价款

E.建设工程设计文件

7.合同示范文本专用条款中供选择的进度款的结算方式有（　　）。

A.按月结算与支付

B.分阶段结算与支付

C.按季结算与支付

D.按形象进度结算与支付

E.按年度结算与支付

8.工程价款结算对于建筑施工单位和建设单位均具有重要的意义，其主要作用有（　　）。

A.是建设单位组织竣工验收的先决条件

B.是加速资金周转的重要环节

C.是建设单位确定实际建设投资数额，编制竣工决算的主要依据

D.是施工单位内部进行成本核算、确定工程实际成本的重要依据

E.是反映工程进度的主要指标

9.《建设工程质量管理条例》第 40 条规定，在正常使用条件下，建设工程的最低保修期限正确的有（　　）。

A.基础设施工程、房屋建筑的地基基础工程和主体结构工程，为 50 年

B.屋面防水工程，有防水要求的卫生间、房间和外墙面的防渗漏，为 5 年

C.供热与供冷系统，为 2 个采暖期、供冷期

D.电气管线、给排水管道、设备安装和装修工程，为 2 年

E.其他项目的保修期限由发包方与承包方约定

10.竣工结算的编制依据包括（　　）。

A.全套竣工图纸

B.材料价格或材料、设备购物凭证

C.双方共同签署的工程合同有关条款

D.业主提出的设计变更通知单

E.承包人单方面提出的索赔报告

三、计算题

某建筑安装工程的合同总价为 1800 万元，合同工期为 7 个月。每月完成的施工产值如表 3-13 所示。

表 3-13　每月完成的施工产值

月份	2	3	4	5	6	7	8
月产值/万元	200	300	400	400	200	200	100

该工程造价的人工费占 22%，材料费占 55%.施工机械使用费占 8%。从本年度 2 月起，市场价格进行调整，物价调整指数如下：人工费 1.20；材料费 1.18；机械费 1.10。

合同中的规定如下。

（1）动员预付款为合同总价的10％，当累计完成工程款超过合同价的15％时，动员预付款按每月均摊法扣回至竣工前2个月。

（2）材料的预付备料款为合同价的20％。

（3）保留金为合同价的5％，从第一次付款证书开始，按期中支付工程款的10％扣留，直到累计扣留达到合同总额的5％。

（4）监理工程师签发的月度付款最低金额为50万元。

问题：

（1）材料预付备料款的起扣点为多少？

（2）每月实际完成施工产值为多少？每月结算工程款为多少？

（3）若本工程因气候反常工期延误一个月，是否产生施工经济索赔，为什么？

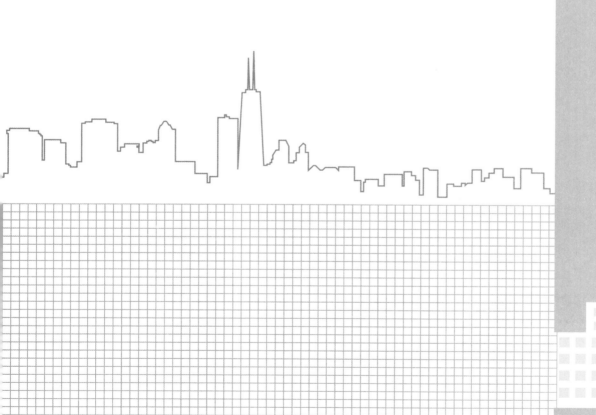

模块四

工程结算争议解决

GONGCHENG JIESUAN ZHENGYI JIEJUE

内容提要

　　建设工程建设周期较长、投资额大、参与方众多、合同权利义务关系复杂,合同履行过程中往往需要根据工程变更、工料机市场价格变化等情况对原合同进行多次调整。由于目前宏观经济影响和政府对建设工程的监管和干预,大量工程施工合同在签订时合同条款缺失、合同约定不明,大量工程的发承包双方的合同管理水平滞后、合约意识不强、履约意识和法律意识差,建设工程纠纷普遍存在,且多数是关于工程价款结算的纠纷。

　　建设工程合同价款结算争议,指发承包双方在工程结算阶段,就合同解释、工程质量、工程量变化、单价调整、违约责任、索赔、支利息等影响竣工结算价的相关法律事实是否发生,以及该法律事实对结算价产生的影响不能达成一致意见,导致发承包双方不能共同确认最终工程结算价款的情形。

知识目标

　　1.了解工程结算争议产生的原因及避免工程结算争议的措施。
　　2.掌握工程结算争议的解决方式。

能力目标

　　通过了解结算争议产生的原因、争议的解决方式以及避免工程结算争议的措施,最终达到对工程结算争议进行合理解决并尽量减少结算争议产生的效果。

素质目标

　　1.指导学生以公平、公正的态度去对待参与工程建设的每一方。
　　2.培养学生遵纪守法、诚实守信,尽职尽责的职业素养。
　　3.培养学生廉洁自律的工作作风。

任务 1　工程结算争议产生的原因

1. 订立合同不规范,缺乏操作性和约束力

　　发承包双方在签订建设工程施工合同时,应在合同中明确承包范围、双方的责任与权利义务、价款结算方式、风险分担、费用计算或调整、奖惩等。建设工程施工合同是约束发承包双方的法律文件,应贯穿工程施工、工程结算及结算审核的全过程,是工程竣工结算编制和结算审核的最根本、最直接的依据。但在现实情况下,有些参与方对施工合同的重视不够,合同条款疏于细心推敲,造成合同不够严谨,缺乏操作性、约束力。结算时,由于合同对工程价款的结算缺乏具体约定,发承包双方容易产生争议。

工程结算争议
产生的原因

2. 建设工程法律关系较为复杂

建设工程是多种专业、各类企业在特定工程现场按照总承包和各项专业分包合同确定的地位,配合进行的综合性建设活动。对建设方而言,一个建设项目的完成,前期要依靠设计、勘察、工程咨询机构协助,建设过程中必须与监理、建设总承包企业、专业分包企业、劳务分包企业、材料供应单位进行配合,竣工后要依靠工程造价咨询机构进行结算,其间还涉及资金筹措、借贷、担保事务等。每个项目的供货商、劳务提供方都通过各种特定合同与建设方联系在一起。其中的法律关系、履行合同的具体行为和工序也相互关联交错,需要精确管理、多方配合才能顺利完成。

3. 建设周期长,施工中变更、签证多

建设工程通常规模较大、工序复杂、耗时较长。在工程建设过程中,根据施工现场的具体情况及业主的具体需要修改设计、变更工艺和方法、调整施工进度、改变材料设备和安装方法的情况经常发生,有时甚至不得不暂停施工、重新办理审批手续,这不仅加大了施工合同履行的复杂性,也增加了结算难度。

4. 建设工程项目工期和质量不易保证

建设工程项目的施工过程是多种专业、各类机构共同配合进行的综合性活动,工序交叉、相互干扰。很多专业工作受技术水平和现场条件限制,不可能完全满足设计标准。具体实施者技术水平不均,工艺时好时坏。大量隐蔽工程由于事后无法直接探测,或不能进行完全的破坏性鉴定,很难判定质量责任。返工破坏的工程量及后续施工覆盖的部分常丧失鉴定条件,质量争议难以完全准确判断。结算阶段,业主往往对施工过程中不如人意的地方要求扣减工程费用,从而导致结算争议产生。

5. 结算资料不规范

工程结算的依据有招标文件、投标文件、施工合同、补充协议、施工图纸、变更、签证、施工过程中有关工程费用调整的政策性计价文件。但作为结算依据的工程资料,特别是工程签证单、索赔和反索赔等文件资料如果在实施过程中没有按照规范填报、收集、保存,没有对变化的工程量形成结算依据,或者签署意见的资料前后矛盾,结算过程中双方就会发生理解歧义,产生分歧。

6. 现场管理人员素质参差不齐

施工现场资料管理的好坏与管理人员的业务素质水平高低是分不开的。如果资料及造价人员不了解国家的有关法律法规和工程建设的标准规范,不熟悉法定的建设程序,缺乏工程建设及造价管理知识,必然影响结算资料的质量。此外,由于管理人员,特别是造价人员更换较为频繁,造价人员对工程情况了解不实,资料移交和整理过程不规范,资料丢失现象比较严重,必然导致结算争议的产生。

任务 2　工程结算争议的解决方式

企业要加强施工合同管理,尽量减少建设工程合同结算争议,最大可能实现自身合同目的和预期收益;工程造价人员在办理结算过程中要参与处理大量合同价款结算争议,应具备依据法律、合同和有利事实维护本企业合法权益的基本知识和技能。

根据《建设工程工程量清单计价规范》中的规定,合同价款结算争议的解决方式分为监理或造价工程师暂定、管理机构的解释或认定、协商和解、调解、仲裁、诉讼 6 种。

4.2.1　监理或造价工程师暂定

发承包人之间就工程质量,进度、价款支付与扣除、工期延期、索赔、价款调整等发生任

工程结算争议的解决方式——监理或造价工程师暂定

何法律上、经济上或技术上的争议,应先根据已签约合同的规定,提交合同约定职责范围内的总监理工程师或造价工程师解决,并应抄送另一方。总监理工程师或造价工程师在收到提交件后 14 天内应将暂定结果通知发包人和承包人。发承包双方对暂定结果认可的,应以书面形式予以确认,暂定结果成为最终决定。

发承包双方在收到总监理工程师或造价工程师的暂定结果通知之后的 14 天内未对暂定结果予以确认也未提出不同意见的,应视为发承包双方已认可该暂定结果。

发承包双方或一方不同意暂定结果的,应以书面形式向总监理工程师或造价工程师提出,说明自己认为正确的结果,同时抄送另一方。在暂定结果对发承包双方当事人履约不产生实质影响的前提下,发承包双方应实施该结果,直到按照发承包双方认可的争议解决办法被改变。

对于较小的工程结算价款争议,采用监理或造价工程师暂定方式解决争议最快捷,同时可以将争议和冲突控制在最小范围内。但应当注意的是,争议各方应明确理解上述条款的法律意义,应考虑监理和造价工程师是否能够做到客观、中立,如上述人员无法做到客观、中立,建议不采用上述方法处理。在施工合同约定采用监理或造价工程师暂定方式解决争议的情况下,争议双方均可不经过监理或造价工程师暂定程序,直接向人民法院提起诉讼或根据仲裁约定向仲裁机构申请仲裁。

采用监理或造价工程师暂定方式解决工程结算争议的,应在合同中明确约定,或在争议发生后约定并签订争议解决协议。

采用监理或造价工程师暂定方式解决工程结算争议的,建议采用《建设工程工程量清单计价规范》的做法,建议采用的协议书文本框架如下。

协　议　书

发包人：

承包人：

一、发包人和承包人之间就_____争议，经双方协商一致，同意将该争议提交本项目总监理工程师××（或造价工程师××）解决。总监理工程师××（或造价工程师××）在收到双方提供相关资料后××天内应将暂定结果通知发包人和承包人。发承包双方对暂定结果认可的，应以书面形式予以确认，暂定结果成为双方认可的最终决定。

二、发承包双方在收到总监理工程师或造价工程师的暂定结果通知之后的××天内未对暂定结果予以确认也未提出不同意见的，应视为发承包双方已认可该暂定结果。

三、发承包双方或一方不同意暂定结果的，应以书面形式向总监理工程师或造价工程师提出，说明自己认为正确的结果，同时抄送另一方，此时该暂定结果成为争议。在暂定结果对发承包双方当事人履约不产生实质影响的前提下，发承包双方应按该结果实施，直到发承包双方采用其他约定或法定方式解决上述争议。

四、××项目总监理工程师××（或造价工程师××）同意依据法律和事实对双方上述争议进行客观、中立、公平的判定，并于××年××月××日前就上述争议出具书面暂定结果。

甲方：

乙方：

总监理工程师（或造价工程师）：

年　　月　　日

如做出上述约定，在总监理工程师或造价工程师做出暂定结果后，如双方未按约定时间提出异议，该暂定结果为双方认定的结果，具有法律效力。如提出异议，总监理工程师或造价工程师不予采纳的，该暂定结果应在采取其他约定或法定争议解决方式之前得到执行，更重要的是，在其后争议解决过程中，该暂定结果作为证据，客观上将对发承包双方争议解决产生影响。

4.2.2　管理机构的解释或认定

采用管理机构的解释或认定方式解决工程结算争议的，应在合同中明确约定，或在争议发生后约定并签订争议解决协议。

合同价款争议发生后，发承包双方可就工程计价依据的争议以书面形式提请工程造价管理机构对争议以书面文件进行解释或认定。

工程造价管理机构应在收到申请的10个工作日内就发承包双方提请的争议问题进行解释或认定。

发承包双方或一方在收到工程造价管理机构书面解释或认定后仍可按照合同约定的争议解决方式提请仲裁或诉讼。除工程造价管理机构的上级管理部门做出了不同的解释或认定，在仲裁裁决或法院判决中不予采信的外，工程造价管理机构做出的书面解释或认定应为最终结果,并对发承包双方均有约束力。

4.2.3 协商和解

合同价款争议发生后,发承包双方任何时候都可以进行协商。协商达成一致的,双方应

工程结算争议的
解决方式——管理机构的
解释或认定、协商和解

签订书面和解协议,和解协议对发承包双方均有约束力。

在工程施工合同履行中,和解协议可采用协议书形式,也可以采用会议纪要、备忘录、承诺书的形式。

在和解协议起草和签订时,双方应对权利义务关系进行梳理,并表述清楚、明确,对结算方式或结算金额、履行时间、履行方式、特别约定做出明确且具有操作性的表述。双方应将结算中所有争议全部解决,并阐明协议达成的基础和背景,做到不留后患,必要时,应要求法律专业人员参与。

和解协议签订后,除有证据证明协议签订中有欺诈、胁迫等违反自愿原则的情况或协议内容因违反法律规定无效外,即便争议一方将争议提交仲裁或法院处理,仲裁机构和法院原则上不会推翻和解协议约定的内容。

在诉讼和仲裁的过程之外,争议各方达成和解协议的,可通过公证对可强制执行的协议内容赋予强制执行效力;在诉讼和仲裁的过程中,争议各方达成和解协议的,建议将和解协议提交法院和仲裁机构,由法院和仲裁机构审查并制作调解书。经公证并赋予强制执行效力的和解协议、仲裁调解书、法院民事调解书除法律效力得到补强外,还具有强制执行效力,可直接向法院申请强制执行,无须再次进行仲裁或诉讼程序。

4.2.4 调解

发承包双方应在合同中约定或在合同签订后共同约定争议调解人,负责双方在合同履行过程中发生争议的调解。与发承包双方自行协商一致达成和解不同,调解是指第三人分析争议发生原因,阐明争议各方理由,居中进行调和,最终使争议各方就争议解决方案达成一致的争议解决方式。

合同履行期间,发承包双方可协议调换或终止任何调解人,但发包人或承包人都不能单独采取行动。除非双方另有协议,在最终清算支付证书生效后,调解人的任期应即终止。

如果发承包双方发生了争议,任何一方可将该争议以书面形式提交调解人,委托调解人调解,并将副本抄送另一方。

发承包双方应按照调解人提出的要求,给调解人提供所需的资料、现场进入权及相应设施。调解人应被视为不是在进行仲裁人的工作。

调解人有机构调解人和自然人调解人两种。在我国具有法定调解职能的机构主要是人民调解机构、行政调解机构、法院、仲裁机构。在上述机构组织调解后,争议双方就争议处理达成一致的,可以以本机构的名义出具调解书。调解书具备较高的法律效力,部分机构出具的调解书具有直接申请法院确认并执行的法律效力。

在建设工程价款结算纠纷发生后,争议各方可申请建设行政主管部门进行行政调解。在特殊情况下,建设行政主管部门也可依职权组织调解。在仲裁和诉讼的过程中,仲裁和诉讼当事人可申请进行仲裁或司法调解,仲裁机构和法院也可主动组织调解。

调解人应在收到调解委托后 28 天内或由调解人建议并经发承包双方认可的其他期限内提出调解书。发承包双方接受调解书的,调解书经双方签字后作为合同的补充文件,对发承包双方均具有约束力,双方都应立即遵照执行。

当发承包双方中任一方对调解人的调解书有异议时,应在收到调解书后 28 天内向另一方发出异议通知,并应说明争议的事项和理由。除非调解书在协商和解、仲裁裁决、诉讼判决中做出修改,或合同已经解除,承包人应继续按照合同实施工程。

当调解人已就争议事项向发承包双方提交了调解书,而任一方在收到调解书后 28 天内均未发出表示异议的通知时,调解书生效并对发承包双方均具有约束力。

调解的基本原则是自愿原则。经过调解,争议各方就争议解决不能达成一致的,可选择仲裁或诉讼方式解决,在仲裁和诉讼程序中不能调解的,由仲裁裁决或法院判决。

4.2.5 仲裁

采用仲裁方式解决工程结算争议的,应在施工合同中约定仲裁条款或在争议发生后达成仲裁协议。

工程结算争议的解决方式——调解、仲裁或诉讼

仲裁条款、仲裁协议应明确约定仲裁事项并选定明确的仲裁委员会。施工合同中的仲裁条款可表述为"如本合同发生争议,双方约定到××仲裁委员会仲裁"。

在实践中,合同当事人经常做以下约定:"如本合同发生争议,可以向仲裁机构申请仲裁或向人民法院起诉""如本合同发生争议,申请仲裁解决"。在这种情况下,因合同各方未明确选定仲裁机构,仲裁条款无效。

争议各方约定仲裁后,且仲裁条款和仲裁协议有效的,则排除了诉讼方式解决争议,各方均不能再采用向法院起诉的方式解决争议。

在通过协商不能达成一致的情况下,越来越多的争议当事人选择采用仲裁方式解决工程价款结算争议。相比诉讼,仲裁有以下优势。

① 仲裁一裁终结,裁决具有司法执行力,争议解决相对诉讼程序较为快捷。

② 仲裁案件不受地域、级别管辖约束。争议各方根据情况可选择到国内或国际任何仲裁机构进行仲裁。

③ 仲裁员可由仲裁当事人选择。仲裁机构选择仲裁员时,会充分尊重仲裁各方的选择。可供当事人选择的仲裁员,不仅有法律专家,而且有工程专家,有利于正确查明事实和适用法律。

④ 仲裁原则上不公开审理,有利于保护当事人的商业秘密。

同时,在选择仲裁前,应考虑以下内容。

① 仲裁机构没有执行权,在涉及财产保全、证据保全、执行的案件中,只能由法院进行保全和执行。

② 法院对仲裁裁决具有审查权。在仲裁裁定做出后,对方当事人往往采用向法院申请撤销仲裁裁决、申请不予执行仲裁裁决等方式,拖延仲裁裁决的执行,甚至导致仲裁被撤销或被法院裁定不予执行。

4.2.6　诉讼

诉讼是工程价款结算争议的最终解决办法。在其他争议解决方法均未有效解决争议,各方亦未约定采用仲裁解决争议的情况下,最终争议各方只能采取诉讼方法解决争议。

根据我国现有民事诉讼制度,建设工程价款结算争议采用诉讼方式解决的,如无相关约定,由被告住所地或工程所在地人民法院管辖。在不违反民事诉讼法对级别管辖和专属管辖的规定的前提下,争议各方也可以书面协议选择被告住所地、工程所在地、工程合同签订地、原告住所地等与争议有实际联系地点的人民法院管辖。

在工程价款结算纠纷诉讼中,法院根据《最高人民法院关于审理建设工程施工合同纠纷案件适用法律问题的解释(一)》第 19 条规定的原则进行工程结算价的最终认定,即"当事人对建设工程的计价标准或者计价方法有约定的,按照约定结算工程价款。因设计变更导致建设工程的工程量或者质量标准发生变化,当事人对该部分工程价款不能协商一致的,可以参照签订建设工程施工合同时当地建设行政主管部门发布的计价方法或者计价标准结算工程价款"。工程价款结算纠纷诉讼的争议焦点:工程价款是否已经进行结算;工程价款的结算依据;工程价款调整的事实是否发生;工程价款调整的依据;在施工合同有效的情况下,各方是否存在工期、质量、安全、计量支付等违约行为及如何确定违约方责任并相应减少或增加结算金额。

企业管理人员和工程造价人员,应在发生建设工程施工合同争议后,及时依据现行法律、法规和最高人民法院的相关司法解释,预判争议交由诉讼、仲裁处理将面临的最终结果,以免在协商过程中错失和解机会,或进行无意义的诉讼浪费时间、金钱。

任务 3　工程造价鉴定

工程造价鉴定是指工程造价鉴定人运用科学技术或者专门知识对专门性问题进行鉴别和判断并提供鉴定意见的活动。

工程造价司法鉴定是指在诉讼活动中,为查明事实,法院委托鉴定人对诉讼涉及的工程造价专门性问题进行鉴别和判断并提供鉴定意见作为诉讼证据使用的活动。

工程造价司法鉴定是工程造价鉴定的一种。在争议解决的过程中,争议一方单方面委托具有司法鉴定人资质的机构出具的工程造价鉴定不属于司法鉴定;另一方诉讼当事人有证据反驳并申请重新鉴定的,法院将同意重新进行司法鉴定。

通过诉讼或仲裁方式解决争议,决定争议解决结果的关键是法院、仲裁机构是否采信争议各方提交的证据,并确认该证据能够证明举证方的主张。就同一争议焦点,争议各方均可能举出多份证据用以证明自己的主张,而争议各方的主张往往是互相对立的。法院、仲裁机构在审理案件的过程中,会对证明目的相互冲突的证据的证明力进行判断,采信证明力较高的证据。建设工程合同价款结算争议诉讼的一个突出特点就是,在法院判断双方对结算结果未达成一致的情况下,往往需要工程造价司法鉴定作为确定结算金额并做出判决的依据。

工程价款结算纠纷诉讼中,除非法院认为双方已经进行了结算,在法院认定工程价款的结算金额时,工程造价司法鉴定报告是最关键的证据。

工程价款结算纠纷诉讼中,在原告主张的结算工程款中,部分工程结算金额已经得到发承包双方书面认可或采用固定总价计价(如签证中业主签认该项工作的总价),部分存在争议。依据《最高人民法院关于审理建设工程施工合同纠纷案件适用法律问题的解释(一)》,如当事人约定按照固定总价结算工程价款,一方当事人请求对建设工程造价进行鉴定的,法院将不准许;当事人对部分案件事实有争议的,仅对有争议的事实进行鉴定,但争议事实范围不能确定或者双方当事人请求对全部事实进行鉴定的除外。

司法鉴定由对司法鉴定相关事项负有证明义务的责任方向法院提出申请,法院也可依职权委托鉴定。当事人申请鉴定的,由双方当事人协商确定具备资格的鉴定人;协商不成的,由人民法院指定。

工程造价司法鉴定是一项严肃的专业工作,受委托工程造价咨询人必须按照《建设工程工程量清单计价规范》及相关法律规定指派专业对口、经验丰富的注册造价工程师承担鉴定工作,按照规定开展取证、鉴定工作。

工程造价咨询人应在委托鉴定项目的鉴定期限内完成鉴定工作。工程造价司法鉴定书出具后,一般都会得到法院的采信,并直接作为确定最终结算价款的依据。对司法鉴定有异议的诉讼当事人,对人民法院委托的鉴定部门做出的鉴定结论有异议,申请重新鉴定,一般情况下法院不准许,除非异议人提出证据证明原鉴定书不能作为证据使用,如存在鉴定机构或者鉴定人员不具备相关的鉴定资格、鉴定程序严重违法、鉴定结论明显依据不足等情况。

所以,在申请司法鉴定时,申请人应了解司法鉴定的法律后果,准确限定并描述委托司法鉴定范围,避免造成对法院审判的误导。工程造价鉴定人进行司法鉴定并出具正式工程造价鉴定书前,可能会向诉讼当事人发出鉴定意见书征求意见稿,征求各当事人对拟定鉴定结论的意见。实践中,拟定鉴定结论可能出现未按委托范围进行鉴定、对争议较大的属于法律问题而非工程造价专门问题出具鉴定意见、计量错误、计价依据与投标价出现差异、结算依据不统一等情况,当事人应站在自身立场上及时提出异议。

【例 4.1】　某宿舍楼于 2019 年 3 月份进行公开招标,采用工程量清单计价,招标文件约定采用固定总价合同。某施工总承包单位甲中标。双方签订的施工合同对人工费如何调整没有约定,但在施工过程中,市场人工费不断上涨,与招标时的市场人工费相比增幅较大。该工程于 2019 年 12 月竣工,结算时甲施工单位认为市场人工费上涨较大,虽然合同中没有约定人工费的调整方式,但根据××省下发的《人工费动态管理》及 2019 年 4 季度××省下发的人工费指数,应该对本项目的所有人工费进行调整,同时考虑人工费的上涨幅度,认为人工费的调整幅度应为 33%。建设单位认为该项目为固定总价合同,同时施工期短,投标单位应该考虑到市场人工费的变化,所以除了现场变更外,其他因素一律不考虑。仲裁者应如何处理该问题?

【分析】　该问题在目前的工程结算中经常碰到,发承包双方站的角度不同,对问题的理解和处理方式不同。

××省住建〔2019〕380号《人工费动态管理》规定人工费风险应由建设工程发承包双方共同承担,禁止单方承担无限风险,××省规定人工费风险幅度为基期价格的±10%。在施工期内的人工费指数,与基准日前发布的人工费指数的差,超过人工费风险幅度时,当事人可对人工费超过部分进行调整。2019年10月1日以后实际完成的工程量按本规定调整人工费,××省2019年4季度发布的人工费指数为23%。

根据上述规定,2019年10月1日以后完工的工程可以进行人工费的调整。工程量由业主、监理、施工单位三方共同确认,人工费调整的幅度为13%～33%,但具体系数需要发承包双方协商确定。2019年10月1日以前完工的工程的人工费不调整。

【例4.2】　某道路施工合同工程价款结算争议诉讼案,承包人申请对合同及清单中未涉及的临时施工便道、预制梁厂等共计十余项分部分项工程项目、措施项目进行工程造价鉴定。

鉴定机构向各当事人出具《鉴定意见书征求意见稿》,认为施工便道、预制梁厂等三项措施项目,根据合同和清单,不应计量计价。承包人提出异议,认为是否计量计价属法律问题,属法院判断范围,非工程造价专门性问题,坚持要求对施工便道等三项措施项目的客观工程造价进行鉴定,最终法院采纳了承包人的观点。

【分析】　造价鉴定往往不能将施工合同法律问题和计量、计价技术问题完全分离,在出具正式鉴定报告前,发现造价鉴定结论对自身不利的情况下,应视情况考虑是否争取将部分法律问题交由法院进行判断。

任务4　避免工程结算争议的措施

工程价款结算是工程建设能够顺利进行的重要保障,减少竣工结算争议,能帮助发承包双方顺利完成结算工作。只有及时结算工程价款,承包商才能保证项目的顺利实施,拿到工程款提高收益;对业主方来说,有效解决工程结算争议,可以避免工程结算风险,有助于业主进行投资控制,对控制工程造价有至关重要的作用。

减少工程结算争议有以下措施:在设计阶段应该重视设计图纸的质量;在招投标阶段要注意完善合同条款并尽量保证工程量清单的准确性;在施工阶段要加强施工现场管理,严格控制工程变更;在结算阶段要严格按照结算依据进行审核。

4.4.1　设计阶段应采取的措施

业主必须加强对设计工作的重视,尽可能做到缩短项目前期的时间,为项目的设计工作和实施工作留足时间,从而提高工程量清单编制质量,降低工程实施中因设计变更而引起的索赔事件数量。由于初步设计的深度远远达不到施工图的设计深度,无法使用工程量清单计价,业主必须采用施工图进行招标,否则将会发生纠纷。

当前,除在建设单位及施工单位应用工程量清单计价规范外,设计行业也应加强对工程量清单计价规范的宣传教育,使设计部门充分了解并重视工程量清单,使其与设计图纸结合,在专业术语、设计深度等方面不断改进。

避免工程结算
争议的措施(1)

在初步设计完成后,业主有必要组织有关专家进行初步设计审查,详细核实初步设计概算的工程量,提出审查意见。为了确保施工图预算不突破经批准的设计概算,业主必须加强与设计方和造价咨询方的沟通协调,使施工图设计的工程量尽量符合实际。业主要详细核实设计概算的投资内容,力求不漏项、不留缺口,以保证设计的完善性和设计深度达到要求,以保证最终设计方案的科学、经济;业主要保证建设项目设计最优化;业主要保证投资概算的合理准确,且满足建设工程投资的收益需求。在设计阶段,工程造价专业人员要密切配合设计人员完成方案比选、优化设计,开展相关的技术经济分析,避免反复修改设计图,减少无效的设计,提供切实可行、有效的设计方案,使设计投资更合理。

业主应该采取先勘察、设计,后施工的方式,坚决杜绝没有图纸就进行施工的方式(这种方式不仅会导致工程后期出现问题,还会导致工程的质量出现问题)。相关部门应该严格按照勘察、设计以及施工同时进行的方式进行施工,确保工程的质量,进而保证工程的整体项目资金流动符合正常水平,避免在工程结束时项目款项结算出现争议。

4.4.2 招投标阶段应采取的措施

避免工程结算
争议的措施(2)

1. 招投标环节应采取的措施

在工程招标的过程中,招标人应该严格遵守我国相关的法律以及相关行业的具体规定,坚决杜绝不招标以及先定标后招标的事件发生。不招标或者先定标后招标会导致一些争议,也会导致利益的问题,产生一些腐败的现象,严重影响整个项目的正常进行,还会对工程质量有较大的影响。所以进行合理的招标对保证良好的施工质量以及工程款项结算都是十分有利的,最大限度避免了工程结算出现争议问题。

建设工程的合同签订是十分重要且必要的。建设工程是一个长期的施工过程,工程的施工过程及最终完成的质量无法提前预知。如果没有相关具有法律效力的条文进行约束,很容易在工程后期出现质量争议,所以建设工程项目一定要在施工之前签订好合同的前提下进行,合同上应该有对工程质量明确的规定,保证相关条件的具体明确,进而杜绝日后出现质量问题而影响项目的资金流动,从而出现结算的争议问题。

2. 工程量清单编制阶段应采取的措施

工程量清单作为招投标文件的核心内容,是确保投标单位公平投标和竞争的基础,是施工合同的重要组成部分,也是确定合同价款的重要参考数据。因此,工程量清单必须内容明确、客观公正、科学合理。发包方必须委托经验丰富的招标代理人进行工程量清单的编制,同时保证合理充足的工作时间,与设计单位及时沟通来解决图纸出现的问题。工程量清单编制的过程应满足以下要求。

1）项目特征描述准确

项目特征描述是工程量清单编制的重点，是施工单位投标报价的依据之一。在招标文件中的工程量清单项目特征描述必须准确全面，应具有高度的概括性，条目要简明，避免描述不清而引起理解上的差异，导致投标单位投标报价时不必要的误解，影响招投标工作的质量。

2）工程量计算、工程量清单数量准确

编制人员要根据施工图纸标明的尺寸、数量，按照清单计算规范规定的工程量计算规则和计算方法，详细准确地算出工程量，保证提供的工程量清单数量与施工图载明的数量一致，且经得起实际施工的检验；防止工程量清单数量不准确为投标人提供不平衡报价的机会。

3）清单列项完整

编制人员要熟悉相关的资料，主要包括《建设工程工程量清单计价规范》、施工图纸和施工图纸说明，结合拟建工程的实际情况，具体化、细化工程量清单项目，确保清单项目的完整性，没有缺项和漏项，否则就会因为清单工程量与图纸上的不一致导致工程结算争议，影响施工承包合同良性、有序履行。此时编制人员还需增加对相应的工程量计算规则的描述，明确如何算量，防止产生算量纠纷，方便监理在工程施工中复核工程的计量支付。

3. 合同制定阶段应采取的措施

建设工程施工合同是业主和承包商完成建设工程项目，明确双方权利和义务的法定性文件。严谨、完备的建设工程施工合同，是双方预防工程纠纷的重要一环。规范的合同条款能够为整个合同的顺利实施奠定良好基础。起草合同时，双方应高度重视合同条款的制定，指定专业技术人员与造价管理人员共同斟酌确定合同的条款。制定合同条款的原则如下。

（1）合同内容要合法。合同签订时，双方应处于平等地位，条款编制要力求做到公平合理、平等互利，公平公正地约定权利义务；严重有失公平的合同本身就是违法合同，不具有法律效力，也最容易引起纠纷。

（2）用语要规范准确。签订施工合同时，语言表达要准确、严谨，让合同执行人充分理解合同本意，避免合同纠纷的产生。首先，要避免使用含糊不清的词语和定义，防止模棱两可的文字产生完全不同的解释，成为日后争议的原因；其次，不要用矛盾的词句，数量要做到准确、具体；最后，合同中的计量单位应采用国家统一规定的计量单位。

（3）审查双方的意思是否真实，是否违背其真实意思。双方应审查合同当事人之间是否存在重大误解或一方以欺诈、胁迫、乘人之危的手段使对方违背真实意思。

（4）拟定施工合同条款应具有完备性和严密性，即条款的完备性、逻辑的严密性。在拟定施工合同时，双方应逐条逐字、认真细致地反复斟酌推敲合同的每个条款，甚至标点符号的运用；在合同条款中详尽权利义务，清楚经济责任。

（5）拟定详细规范、有清晰明确的专用条款的合同，是工程审核最重要的基础。合同拟定的严密性直接影响工程审核争议的产生。内容约定不清将直接导致工程结算无法进行。最好的解决措施就是将可能涉及的条款尽量在合同的专用条款中明确约定，包括工程量的计量、变更签证的处理等，使工程结算工作有据可查，最大限度地减少争议。

4.4.3　施工阶段应采取的措施

避免工程结算
争议的措施（3）

（1）在工程施工的过程中，由于各种原因，工程不可避免地会产生工程设计变更。工程变更是非承包人工作失误原因造成的超出原设计或原招标文件的工程内容。在施工的过程中当事人要明确工程变更、签证的管理程序，及时办理现场签证、加强现场管理，各个环节各负其责、分别把关、相互制约；正确计量因工程变更引起的工程量变化，防止在工程变更中以小充大、高估冒算；及时督促完善项目施工中的所有原始记录，严格签证权限制和签证手续程序；加强对隐蔽工程的检查验收，及时履行验收手续和现场经济签证手续。

（2）在造价控制的全过程中要充分发挥监理工程师作用。监理工程师的工作性质决定了其具有现场的第一手资料，他们有能力、有义务把好投资控制这一关。建设单位应给予监理工程师充分的信任，使工程量增减始终处于监控范围。建设单位要增减控制方面的责任，赋予监理工程师对项目各标段、项目各参与方之间的统筹协调权，随时掌握工程进展情况、可能发生的工程变更、工程量变化等信息，确保整个项目工程量的变化在整体监控之下，从而保障工程造价控制目标得以实现。

（3）现场实际施工中，实际工程进展与施工组织设计中的进度计划常常不能同步，如果不联系现场施工，只凭图纸核算工程量，会造成核算工程量与实际完成工程量不符。因此，建设单位预算人员要与工程管理人员、监理人员逐项核对施工单位申报项目的完成情况，并现场查看，才能准确核算工程量。完工报告要注明完成的日期、提交的日期，为防止今后双方产生意见分歧提供依据，还要标明工程师实际参加计量工程量的日期，这样，即便今后双方产生分歧，也可以用反映当时事实的文字性资料来证明。建设单位要杜绝只口头表述要完成的内容和口头承诺要支付的费用。需要特别注意的是，对工程师要求的超出图纸的工程量，工程师一定要出具书面指示，以防止为结算埋下纠纷的隐患。

（4）一般的工程在施工中期都会出现工程质量的缺陷，这时最经济的办法就是及时进行修复。但是，有些承包人受到利益的驱使，故意不去修复缺陷，但是事实上，这样做带来的损失相比于修复缺陷是十分巨大的。在日后建筑出现质量问题的时候，相关部门确定是承包人的问题之后不仅会对其进行经济上的惩罚，还会追究承包人的法律责任。所以，施工过程中出现质量问题的时候，承包人应该积极地组织人员进行工程修复，确保质量过关，最大限度减少经济的损失。

4.4.4　结算阶段应采取的措施

（1）工程结算审核中重要的一步就是复核施工合同条款、补充协议书条款与工程结算内容是否吻合，合同条款、协议条款执行情况是否到位，增减工程记录计算是否齐全等。审核人员应核对竣工工程内容是否与合同条件一致、工程验收是否合格。按合同要求完成全部工程并验收合格才能列入竣工结算。审核人员应对工程竣工结算按合同约定的结算方法进行审核。若发现合同漏洞或有开口，审核人员应与施工单位确认，明确结算要求。

（2）竣工结算的工程量应依据竣工图、设计变更单和现场签证等进行核算，并按国家统一规定的计算规则计算。招投标工程按工程量清单发包的，应逐一核对实际完成的工程量，对工程量清单以外的部分按合同约定的结算办法与要求进行结算。

1）按图核实工程量

在施工图工程量的审核过程中，审核人员要仔细核对计算尺寸与图示尺寸是否相符、设计变更的工程量是否是变更图的工程量与原设计图的工程量之差，防止计算错误。审核人员要具有一定的专业技术知识，也要有较高的预算业务素质和职业道德，还要对建筑设计、建筑施工、工程定额等一系列系统的建设工程知识非常熟悉。

2）现场签证

对于签证凭据工程量的审核，审核人员主要审核现场签证及设计修改通知书，应根据实际情况核实，做到实事求是、合理计量。

对于签证单引起的工程量的变更，审核人员要注意辨别是施工方应该承担的责任还是甲方应当承担的责任，审核时应做好调查研究；审核其合理性和有效性，对因施工方自身责任管理不当而产生的签证单不予计算，杜绝和防范与实际不相符的结算，对模棱两可的签证重新进行调查、签证。

3）隐蔽工程

做好隐蔽工程验收记录是进行工程结算的前提。审核人员应确保现场隐蔽签证的工程量与施工图计算相符，严格审查验收记录手续的完整性、合法性。验收记录除了监理工程师及有关人员确认外，还要加盖建设单位公章并注明记录日期。若隐蔽工程没有验收、没有记录、没有签证，应组织发包人、监理人、承包人，重新检验、鉴定，避免补签的隐蔽工程出现数量多记，甚至根本没有发生的现象。

习　题

一、单项选择题

1.根据《建设工程工程量清单计价规范》中的规定，合同价款结算争议的解决方式不包括（　　）。

A.监理或造价工程师暂定　　　　　　B.协商和解、调解

C.仲裁、诉讼　　　　　　　　　　　D.监理单位的解释或认定

2.根据《建设工程工程量清单计价规范》中的规定，下面关于"监理或造价工程师暂定"解决合同价款争议，说法正确的是（　　）。

A.发承包双方选择采取"监理或造价工程师暂定"解决纠纷，应先在合同中约定

B.现场任一监理或造价工程师都可以解决发承包双方的纠纷

C.总监理工程师或造价工程师对发承包双方纠纷的处理结果就是纠纷解决的最终决定

D.监理或造价工程师暂定结果存在争议，则不予实施

3.根据《建设工程工程量清单计价规范》中的规定,下面关于"管理机构的解释或认定"解决合同价款争议,说法不正确的是(　　)。

A.采取"管理机构的解释或认定"解决发承包双方合同价款纠纷主要是针对工程计价依据的争议

B.工程造价管理机构应在收到申请的 10 日内就合同价款争议问题进行解释或认定

C.采取"管理机构的解释或认定"解决纠纷,发承包双方不得再采取其他方式解决合同价款争议

D.工程造价管理机构做出的书面解释或认定一般都会被仲裁机构或法院采信

4.根据《建设工程工程量清单计价规范》中的规定,下面关于"协商和解"解决合同价款争议,说法正确的是(　　)。

A.发承包双方选择采取"协商和解"解决纠纷,应先在合同中约定

B.发承包双方经协商达成一致签订的书面和解协议对双方均有约束力

C.和解协议经公证后,可以增强执行力

D.应由发包人确定争议调解人

5.根据《建设工程工程量清单计价规范》中的规定,下面关于"调解"解决合同价款争议,说法正确的是(　　)。

A.由发包人确定争议调解人

B.由发承包双方共同约定争议调解人

C.承包人可以自行调换争议调解人

D.发承包双方在收到调解书 28 日内均未表示异议,则调解书对发承包双方均有约束力

6.根据《建设工程工程量清单计价规范》,下面关于"仲裁"解决合同价款争议,说法正确的是(　　)。

A.应在施工合同中约定仲裁条款或在争议发生前达成仲裁协议,方可申请仲裁

B.仲裁必须在竣工前进行

C.仲裁期间须停工的,承包人应对合同工程采取保护措施,增加费用应由承包人承担

D.仲裁期间须停工的,承包人应对合同工程采取保护措施,增加费用应由败诉方承担

7.根据《建设工程工程量清单计价规范》,下面关于"诉讼"解决合同价款争议,说法正确的是(　　)。

A.发包人对仲裁不服,可以向人民法院提起诉讼

B.发承包双方没有达成仲裁协议的,可以向人民法院提起诉讼

C.合同价款争议引发的诉讼属于民事诉讼

D.我国的民事诉讼实行"二审终审制"

8.下面关于仲裁和诉讼,说法正确的是(　　)。

A.仲裁一裁终结,比诉讼更快捷

B.选择仲裁,发承包双方在仲裁机构、仲裁人员方面有选择权

C.诉讼不受地域限制

D.法院在判决前可以组织调解并制作调解书

9.工程量清单编制阶段应采取的预防结算争议的措施中不正确的是(　　　)。

A.项目特征描述是工程量清单编制的重点,是施工单位投标报价的依据之一,在招标文件中的工程量清单项目特征描述必须准确全面

B.根据施工图纸标明的尺寸、数量,按照清单计价规范规定的工程量计算规则和计算方法,详细准确地算出工程量,保证提供的工程量清单数量与施工图载明的数量一致

C.工程量清单作为招投标文件的核心内容,是确保投标单位公平投标和竞争的基础,发包方必须自行完成工程量清单的编制工作

D.编制人要熟悉相关的资料,主要包括《建设工程工程量清单计价规范》、施工图纸和施工图纸说明,结合拟建工程的实际情况,保证清单列项的完整性、没有缺项和漏项

10.结算阶段应采取的预防结算争议的措施中正确的是(　　　)。

A.应核对竣工工程内容是否与合同条件一致,工程验收是否合格,按合同要求完成全部工程并验收合格才能列入竣工结算。应对工程竣工结算按合同约定的结算方法进行审核。若发现合同漏洞或开口,应与施工单位双方确认,明确结算要求

B.竣工结算的工程量应依据施工图、设计变更单和现场签证等进行核算,并按国家统一规定的计算规则计算

C.招投标工程按工程量清单发包的,应逐一核对实际完成的工程量,对工程量清单以外的部分按甲乙双方协商的结算办法与要求进行结算

D.对于签证单引起的工程量的变更,审核人员要注意辨别是施工方应该承担的责任还是甲方应当承担的责任。对因施工方自身责任管理不当而产生的签证单应由施工单位提出变更工程量价款,建设单位签字确认

二、判断题(正确的划"√",错误的划"×")

1.发包人可以单方面更换合同中确定的争议调解人。(　　　)

2.合同调解人必须是自然人。(　　　)

3.合同价款争议仲裁未能解决,可以采取诉讼方式进行。(　　　)

4.仲裁是二裁终结。(　　　)

5.仲裁属于诉讼解决争议的一种。(　　　)

三、案例分析

1. 2019 年 3 月 10 日,A 公司依照约定进入 B 公司的××大厦综合楼工程工地进行施工。同年 9 月 10 日,A 公司与 B 公司签订建设工程施工合同,约定 B 公司将其建设的××大厦综合楼项目的土建、安装、设备及装饰、装修和配套设施等工程发包给 A 公司。合同价款:承包总价以结算为准,由乙方包工包料。价款计算以设计施工图纸加变更作为依据。土建工程执行本省 18 定额,安装工程执行本省 18 定额,按相关配套文件进行取费。工程所用材料合同约定需要做差价的以当期造价信息价为准;没有造价信息价的,甲乙双方协商议价。

2019年4月5日,当地建设监察大队对未经招标的上述工程进行了处罚,B公司在当地招投标办公室补办了工程报建手续,并办理了施工合同备案手续。后双方在合同履行过程中发生争议,A公司到法院起诉B公司,要求按合同支付结算款。法院审理查明,2019年9月10日的建设工程施工合同与2019年4月5日备案的建设工程施工合同的内容存在差异:在2019年4月5日备案的合同中,增加了一条,即双方按合同约定的结算方式结算后,按工程总结算价优惠8个点作为A公司让利。分析该工程价款结算争议应如何处理。

2. 某县人民政府与B公司签订《某县政府大院开发及新区建设合同书》,合同约定由B公司受委托代建某县档案馆工程。2014年3月10日,A公司与B公司签订建设工程施工合同,合同约定由A公司承包某县档案馆工程。承包范围为土建工程(基础、主体、屋面、砌筑、塑钢窗、抹灰楼地面、水电安装等),合同工程总价款为424万元,工程项目采用可调价格。合同价款调整方法、范围:按施工图、变更通知书、签证单进行调整,调整范围不得超过B公司与某县政府协商的结算价格,最终价格以某县政府审定认可的造价为基础。2015年8月25日工程竣工验收后,B公司于2015年9月23日收到A公司递交的竣工结算报告及结算书,结算书反映工程总造价为570万元,B公司未答复,也未支付工程款。2016年3月20日,A公司起诉B公司,要求B公司支付工程结算款270万元(B公司已支付工程进度款300万元),并要求按银行同期贷款利息的4倍承担欠付工程款的违约责任。

分析:(1)在诉讼中,A公司应如何主张自己的权利?

(2)B公司应如何应对A公司的起诉?

(3)法院应如何处理此结算纠纷?

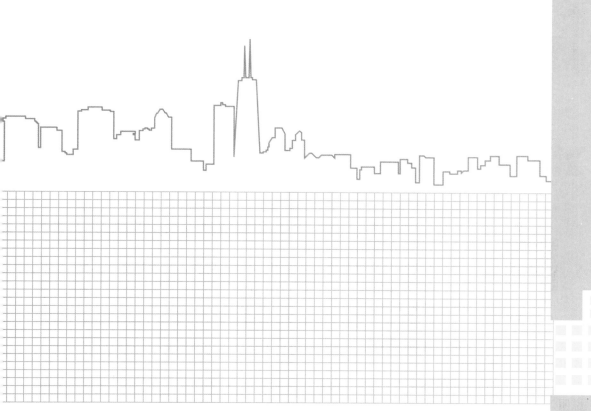

模块五

工程结算的编制

GONGCHENG JIESUAN DE BIANZHI

内容提要　　工程结算在项目施工过程中通常需要发生多次。整个项目全部竣工验收,还需要进行最终建设项目的竣工结算。预付款、进度款通过支付申请、支付证书实现,而竣工结算要形成一套内容完整、格式规范的经济文件。本章将结合工程实际案例,按《建设工程工程量清单计价规范》(GB 50500—2013)的要求编制工程项目的期中结算和竣工结算文件。

知识目标　　掌握工程结算的编制程序,了解工程结算的编制依据及方法。

能力目标　　能通过掌握工程结算的编制程序、工程结算的编制方法,按照施工合同及计价规范等的要求,进行期中结算、竣工结算的编制。

素质目标　　1.培养学生勤奋工作的态度,独立、客观、公正、正确地出具工程造价成果文件的能力,使客户满意。
2.培养学生诚实守信、尽职尽责、依法依规办事的工作作风。

任务 1　工程结算的编制要求

（1）工程结算一般经过发包人或有关单位验收合格且点交后方可进行。

工程结算的
编制要求

（2）工程结算应以施工发承包合同为基础,按合同约定的工程价款调整方式,对原合同价款进行调整。

（3）工程结算应核查设计变更、工程洽商等工程资料的合法性、有效性、真实性和完整性。对有疑义的工程实体项目,应视现场条件和实际需要核查隐蔽工程。

（4）建设项目由多个单项工程或单位工程构成的,应按建设项目划分标准的规定,将各单项工程或单位工程竣工结算汇总,编制相应的工程结算书并撰写编制说明。

（5）实行分阶段结算的工程,应将各阶段工程结算汇总,编制工程结算书,并撰写编制说明。

（6）实行专业分包结算的工程,应将各专业分包结算汇总在相应的单项工程或单位工程结算内,并撰写编制说明。

（7）工程结算编制应采用书面形式,有电子文本要求的应一并报送与书面形式内容一致的电子版本。

（8）工程结算应严格按工程结算编制程序进行编制,做到程序化、规范化。结算资料必须完整。

任务 2　工程结算的编制程序

工程结算的编制应按准备、编制和定稿三个工作阶段进行。

工程结算的
编制程序

5.2.1　准备阶段的工作内容

准备阶段有以下工作:

① 收集、归纳、整理与工程结算相关的编制依据和资料;

② 熟悉施工合同、主要设备、材料采购合同、投标文件、招标文件、建设工程设计文件,以及工程变更、现场签证、工程索赔、相关的会议纪要等资料;

③ 掌握工程项目发承包方式、现场施工条件、实际工期进展情况、应采用的工程计量计价方式、计价依据、费用标准、材料设备价格信息等情况;

④ 掌握工程结算计价标准、规范、定额、费用标准,掌握工程量清单计价规范、工程量计算规范、国家和当地建设行政主管部门发布的计价依据及相关规定;

⑤ 召集相关人员对工程结算涉及的内容进行核对、补充和完善。

5.2.2　编制阶段的工作内容

编制阶段有以下工作:

① 根据建设工程设计文件及相关资料,以及经批准的施工组织设计进行现场踏勘,完成书面或影像记录;

② 按施工合同约定的工程计量、计价方式计算分部分项工程量、措施项目及其他项目的工程量,并对分部分项工程项目、措施项目和其他项目进行计价;

③ 按施工合同约定,计算工程变更、现场签证及工程索赔费用;

④ 按施工合同约定,确定是否对在工程建设过程中发生的人工费、材料费、机具台班费价差进行调整和计算;

⑤ 对于工程量清单或定额缺项,以及采用新材料、新设备、新工艺、新技术的新增项目,应根据施工过程中的合理消耗和市场价格,编制综合单价或单位估价分析表,并应根据施工过程中的有效签证单进行汇总计价;

⑥ 汇总分部分项工程和单价措施项目费、总价措施项目费、其他项目费,初步确定工程结算价款;

⑦ 编写编制说明,计算和分析主要技术经济指标;

⑧ 编制工程结算,形成初步成果文件。

5.2.3　定稿阶段的工作内容

定稿阶段有以下工作:

① 审核人对初步成果文件进行复核;

② 审定人对复核后的初步成果文件进行审定;

③ 编制人、审核人、审定人分别在成果文件上署名并签章;

④ 承包人在成果文件上签章,在合同约定期限内将成果文件提交给发包人。

任务 3　工程结算的编制依据

工程结算的编制依据如下:

**工程结算的
编制依据**

① 施工合同、投标文件、招标文件;

② 建设工程勘察、设计文件及相关资料;

③ 工程变更、现场签证、工程索赔等资料;

④ 与工程价款相关的会议纪要;

⑤ 工程材料及设备中标价或认价单;

⑥ 建设期内影响合同价款的法律法规和规范性文件;

⑦ 建设期内影响合同价款的相关技术标准;

⑧ 与工程结算编制相关的计价定额、价格信息等;

⑨ 其他依据。

期中结算的编制依据除应包括上述内容外,还应包括累计已实际支付的工程合同价款、往期期中结算报告。

任务 4　工程结算的编制方法

(1) 工程结算应依据施工合同方式采用相应的编制方法,并应符合下列规定:

**工程结算的
编制方法**

① 采用总价方式的,应在合同总价的基础上,对合同约定可调整的内容及超过合同约定范围的风险因素进行调整;

② 采用单价方式的,在合同约定风险范围内的综合单价应固定不变,工程量应按合同约定实际完成应予计量的工程量确定,并应对合同约定可调整的内容及超过合同约定范围的风险因素进行调整;

③ 采用成本加酬金方式的,应依据施工合同约定的方法计算工程成

本、酬金及有关税费。

（2）采用工程量清单单价方式计价的工程结算，分部分项工程费应按施工合同约定应予计量且实际完成的工程量计量，并应按施工合同约定的综合单价计价。当发生工程变更、单价调整等情形时应符合下列规定：

① 工程变更引起已标价工程量清单项目或其工程数量发生变化时，项目单价应按现行国家标准的相关规定进行调整；

② 材料暂估单价、设备暂估单价应按发承包双方确认的价格在对应的综合单价中进行调整；

③ 发包人提供的工程材料、设备价款应扣除。

（3）采用工程量清单单价方式计价的工程结算，措施项目费应按施工合同约定的项目、金额、计价方法等确定，并应符合下列规定：

① 与分部分项实体项目相关的措施项目费用，应随该分部分项工程项目实体工程量的变化调整工程量，并应依据施工合同约定的综合单价进行计算；

② 具有竞争性的独立性措施项目费用，应按投标报价计列；

③ 按费率综合取定的措施项目费用，应按国家有关规定及施工合同约定的取费基数和投标报价时的费率进行计算或调整。

（4）采用工程量清单单价方式计价的工程结算，其他项目费的确定应符合下列规定：

① 投标报价中的暂列金额发生相应费用时，应分别计入相应的分部分项工程费、措施项目费；

② 材料暂估单价应按发承包双方最终确认价，在分部分项工程费、措施项目费中对相应综合单价进行调整；

③ 专业工程暂估价应按分包施工合同另行结算；

④ 计日工应按发包人实际签证的数量、投标时的计日工单价进行计算；

⑤ 总承包服务费应以实际发生的专业工程分包费用及发包人供应的工程设备、材料为基数和投标报价的费率进行计算。

（5）采用工程量清单单价方式计价的工程结算，工程变更、现场签证等费用应依据施工图以及发承包双方签证资料确认的数量和施工合同约定的计价方式进行计算，并计入相应的分部分项工程费、措施项目费、其他项目费。

（6）采用工程量清单单价方式计价的工程结算，工程索赔费用应依据发承包双方确认的索赔事项和施工合同约定的计价方式进行计算，并计入相应的分部分项工程费、措施项目费、其他项目费。

（7）当工程量、物价、工期等因素发生变化，且超出施工合同约定的幅度时，应依据施工合同和国家标准《建设工程工程量清单计价规范》的有关规定调整综合单价或进行整体调整。

（8）期中结算的编制可采用粗略测算和精准计算相结合的方式。工程进度款的支付可采用粗略测算方式；工程预付款的支付，以及单项工程、单位工程或规模较大的分部工程已完工后工程进度款的支付，均应采用精准计算方式。

（9）采用粗略方式测算进度款时，可采用下列方法：

① 施工合同采用总价方式计价的，可将累计已完成工程形象进度的百分比，作为计算已完工程价款占合同价款比例的依据，估算已完工程价款；

② 施工合同采用单价方式计价的，可采用简易快速、方便计量的方式粗略测算已完工

程量和价款,也可采用现场勘察方法估算已完工程量和价款;

③ 按施工合同的约定,在期中结算中,因市场物价变化,要对工程材料设备价格进行调整时,可采用简易快速、方便计量的方法粗略测算需调整差价的工程材料、设备的数量和价款。

任务5   期中结算的编制

期中结算是合同在履行过程中,每月发生的付款申请、审查和支付工作。

5.5.1   期中结算的编制要求

(1)期中结算应按承包人承接的施工合同分别编制并汇总。

期中结算的编制

(2)承包人应按施工合同约定的合同价款支付条款,定期或按工程的形象进度编制期中结算(合同价款支付)申请报告,申请的合同价款的范围应包括工程预付款、进度款等。

(3)期中结算编制的时点应从施工合同生效之日起开始,至申请期中结算最后一期进度款支付,并应累计计算已完成工程的全部价款。

(4)工程预付款可以在开工前一次性支付,也可以在开工后一定期限内分段支付,工程预付款的支付与扣除应与工程进度款一并提出,纳入期中结算(合同价款支付)申请报告。

(5)工程进度款应包括截至本期结算日期内,与施工合同约定相关的所有已完成合同价款,以及应调整的相关价款。

(6)发承包双方应对往期期中结算存在的问题进行调整,并应在当期期中结算中对往期期中结算进行修正。

(7)单项工程、单位工程或规模较大的分部工程完工后,发承包双方应根据合同约定的方法,在当期或下一个周期进行期中结算时,进行精准计算。

(8)采用工程量清单单价方式计价的期中结算(合同价款支付)申请报告应包括下列内容:

① 封面;

② 签署页;

③ 编制说明;

④ 期中结算(合同价款支付)申请汇总表;

⑤ 预付款支付申请表;

⑥ 进度款支付申请表;

⑦ 其他必要的表格。

(9)采用工程量清单单价方式计价的进度款支付申请表应包括下列内容:

① 本期申请期末累计已完成的工程价款;

② 本期申请期初累计已支付的工程价款;

③ 本期结算完成的工程价款；

④ 本期应扣减的工程价款；

⑤ 本期应支付的工程价款。

5.5.2　期中结算编制程序

期中结算编制程序如图 5-1 所示。

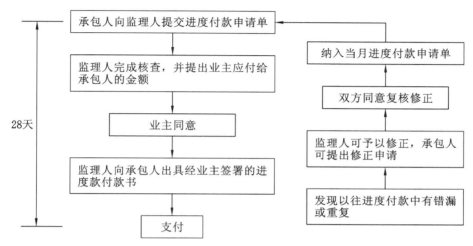

图 5-1　期中结算编制程序

（1）承包人提交付款申请。根据合同规定，承包人应在每月末向监理人提交由其项目经理签署的按监理人格式要求填写的月结账单（付款申请书）一式 6 份。月结账单包括以下栏目：

① 截至本月末已完成的工程价款。

② 截至上月末已完成的工程价款。

③ 本月完成的（应结算的）工程价款。

④ 本月完成的应结算的计日工价款。

⑤ 本月应支付的暂列金额价款。

⑥ 本月应支付的材料设备预付款。

⑦ 根据合同规定，本月应结算的其他款项。

⑧ 价格调整及法规变更引起的费用。

⑨ 本月应扣留的保证金、设备预付款及材料预付款。

⑩ 根据合同规定，本月应扣除的其他款项。

（2）监理人审查与签证。监理人在收到承包人进度付款申请单以及相应的支持性证明文件后的 14 天内完成核查，提出发包人到期应支付给承包人的金额以及相应的支持性材料，发包人审查同意后，监理人向承包人出具经发包人签认的进度付款证书。监理人有权扣发承包人未能按照合同要求履行任何工作或义务的相应金额。

监理人审查的主要工作如下：

① 承包人完成的工程价款。

② 计日工付款申请。

③ 材料设备预付款付款申请。

④ 变更工程付款申请。

⑤ 价格调整付款申请。

⑥ 其他款项的付款申请。

期中支付申请书有以下要求：

① 申请的格式和内容应满足合同要求。

② 各项资料、证明文件手续齐全。

③ 所有款项计算与汇总无误。

（3）发包人付款。发包人应在收到期中支付证书后 28 天内将应付款项支付给承包人。如果发包人未能在规定期限内付款，则应按投标书附录规定的利率支付全部未付款额的利息；如果发包人收到承包人通知后的 28 天内仍不履行付款义务，承包人有权暂停施工；暂停施工 28 天后，发包人仍不纠正违约行为的，承包人可向发包人发出解除合同通知。

期中结算
编制案例

5.5.3　期中结算编制实例

以某中央公园工程为例，编制该公园土建工程第二期结算价款。（期中结算书、工程合同清单、图纸等资料可扫码获取）

任务6　竣工结算的编制

5.6.1　分部分项工程的结算价款计算

按照工程量清单计价原理，分部分项工程费 $= \sum$ 分部分项工程量 $\times$ 综合单价。因此，分部分项工程结算价款的计算应先确定结算工程量与结算单价。我国《建设工程工程量清单计价规范》规定，分部分项工程费应依据双方确认的工程量、合同约定的综合单价计算，发生调整的，以发承包双方确认调整的综合单价计算。

1. 分部分项工程结算工程量的确定

（1）确定分部分项工程结算工程量的主要依据：①《建设工程工程量清单计价规范》、施工合同；②发包人在招标文件中提供的工程量；③竣（施）工图纸、质量验收文件；④经双方确认的中期计量支付文件及其附件中的工程量计算表等。

（2）确定分部分项工程结算工程量的基本步骤如下。

① 依据施工合同及招标范围，核对已完成的质量验收合格的竣工分部分项工程项目。

② 按照合同约定的计量规则，对照发包人提供的工程量、竣（施）工图纸及中期计量支付文件中的工程量计算表，复核、计算各分部分项工程的结算工程量，对计量错误进行调整。

③ 按照合同约定的计量规则或双方会商确定的方式，对照设计变更工程的设计文件、竣工图纸及中期计量支付文件的工程量计算表，复核、计算变更工程、漏项工程的结算工程量，对计量错误进行调整。

④ 通过上述步骤,完成分部分项工程的结算工程量的确定,删除的工程不予计量。

2. 分部分项工程结算单价的确定

(1) 分部分项工程结算单价确定的主要依据:①《建设工程工程量清单计价规范》、施工合同;②标价工程量清单中分部分项工程的报价表;③经双方确认的分部分项工程的工程量;④各种合同约定的可以调整综合单价的证明材料等。

竣工结算的编制

(2) 分部分项工程结算单价确定的主要内容。依据《建设工程工程量清单计价规范》的规定,竣工结算时,分部分项工程的综合单价存在两种情况,即标价工程量清单中的综合单价作为结算单价与调整的综合单价作为结算单价。

① 依据经过复核确定的分部分项工程量,若其结算工程量与已标价工程量清单中的工程量变化幅度在合同约定幅度(一般规定为 10%)以内的,结算单价仍为报价的综合单价。

② 依据经过复核确定的分部分项工程量,对于结算工程量与已标价工程量清单中的工程量变化幅度在合同约定幅度(一般规定为 10%)以外的,且其影响分部分项工程费超过0.1%时,结算单价为发承包双方确认的综合单价。

③ 对于因分部分项工程量清单漏项或非承包人原因引起的工程变更,造成增加新的工程量清单项目,对应的结算单价为发承包双方共同认可的变更工程综合单价。

④ 市场价格变化超过合同约定的幅度时,需调整的人工单价或材料单价为发承包双方确认的结果。

上述各种分部分项工程的结算单价可重点依据中期计量支付文件及价格调整文件确定。

3. 分部分项工程结算价款汇总计算

根据确定的分部分项工程结算工程量与结算单价,可计算出分部分项工程结算价款。其计算公式为

$$分部分项工程费 = \sum 分部分项工程量 \times 综合单价$$

对工程量清单中各完工的分部分项工程结算价款进行汇总,即得出一个单位工程的分部分项工程结算价款。

5.6.2　措施项目的结算价款计算

在《建设工程工程量清单计价规范》中,措施项目被具体分为两类:一类是可以计算工程量的项目;另一类是不能计算工程量的项目,以"项"为计量单位。

《建设工程工程量清单计价规范》规定:措施项目费应依据合同约定的项目和金额计算;发生调整的,以发承包双方确认调整的金额计算,其中,安全文明施工费应按规定计算(安全文明施工费应按国家或省级、行业建设主管部门的规定计价,不得作为竞争费用)。

1. 以"项"为单位的措施项目结算金额确定

由于此类措施项目费用与工程量的变化关系不大,因此,在编制竣工结算时,一般直接以合同价中的本部分金额结算。

2. 可计算工程量的措施项目结算价款确定

本部分措施项目结算价款基本原理与分部分项工程结算价款确定基本一致。

1) 主要计算内容

（1）对照招标人提供的措施项目工程量、施工方案及中期支付文件中措施项目工程量，依据合同约定的计量规则进行措施项目工程量的复核、计算，调整计量错误。

（2）对于变更工程的措施项目，对照中期支付文件及其工程量计算表、工程变更设计文件及验收文件等，依据合同约定的计量规则复核，计算其工程量，调整计量错误。

（3）核对措施项目结算工程量，对照合同约定的工程量偏差范围。不符合调整单价约定的，以报价的综合单价作为该措施项目的结算单价；措施项目工程量变化符合综合单价调整的，以双方确认的调整单价作为结算单价。

（4）变更工程引起的措施项目单价以双方确认的单价作为结算单价。

（5）依据各项目措施的结算工程量、结算单价计算措施项目结算价款并汇总。

2) 主要依据

主要依据包括《建设工程工程量清单计价规范》及地方性补充规范、施工合同、已标价工程量清单中的措施清单、中期计量支付文件及附件、工程变更资料有关措施项目材料、施工方案等。

3. 措施项目结算价款汇总

通过对以"项"为单位的措施项目金额与可计算工程量的措施项目价款汇总计算，即可得出单位工程的措施项目结算价款。

5.6.3 其他项目费的结算金额计算

根据《建设工程工程量清单计价规范》的规定，其他项目费在竣工结算时的计算涉及计日工、暂估价、总承包服务费、索赔费用、现场签证费用及暂列金额。其中，暂列金额主要用于工程价款的调整与索赔、现场签证金额计算，如有余额则归发包人。

其他项目费的结算金额计算方法及主要依据如表 5-1 所示。

表 5-1 其他项目费的结算金额计算方法及主要依据

计算内容	计算方法	主要依据	
计日工	按发包人实际签证确认的事项计算、汇总	计日工实际签证确认资料	《建设工程工程量清单计价规范》、施工合同、招标文件、投标文件及中期计量支付文件及附件
暂估价	暂估价中的材料单价按发承包双方最终确认价在综合单价中调整；专业工程暂估价按中标价或发承包人与分包人最终确认价计算	当地造价管理部门发布的信息、市场价格信息、合同约定的专业工程计价规定、材料采购原始凭证、专业分包合同	
总承包服务费	依据合同约定的计算基数与费率计算	合同约定的计取方式（基数、费率）	
索赔费用	按发承包双方确认的索赔事项和金额计算、汇总	各种费用索赔资料及申请（核准表）	
现场签证费用	按发承包双方签证资料确认的金额计算	各种现场签证单	

上述内容计算、汇总，形成竣工结算的其他项目费汇总金额。

5.6.4　规费与税金的结算金额计算

在竣工结算中,规费、税金应按国家或省级、行业建设主管部门规定的计取标准计算,不得作为竞争性费用。规费与税金应根据合同条款规定的计算基数与费率进行计算。

在具体项目的竣工结算编制过程中,规费与税金应依据项目所在省市的具体规章,按其规定基数与费率计算。编制结算时计算基数发生变化的,规费与税金的结算金额应相应调整。

5.6.5　竣工结算价的汇总

根据上述内容中各项结算价款(金额)的汇总额,可计算出一个单位工程的竣工结算总价款,即竣工结算价＝分部分项工程结算价款＋措施项目结算价款＋其他项目费用结算金额＋规费＋税金。

5.6.6　竣工结算书的编制

根据竣工结算价计算过程中形成的结果,编制、填写竣工结算书的各种组成文件。

竣工结算书的主要组成部分及说明如表5-2所示。

表 5-2　竣工结算书的主要组成部分及说明

竣工结算书组成	具体说明
封面	包括工程名称、编制单位和印章、日期
签署页	包括工程名称、编制人、审核人、审定人姓名和执业(从业)印章、单位负责人印章(或签字)等
编制说明	包括工程概况、编制范围、编制依据、编制方法、有关材料、设备、参数和费用说明、其他有关问题的说明等
工程竣工结算相关表格	(1)竣工结算汇总表; (2)单项工程结算汇总表; (3)单位工程结算汇总表; (4)分部分项工程(措施项目、其他项目、规费税金)结算汇总表

5.6.7　竣工结算编制实例

案例背景:以2022年竣工验收合格后的某中央公园工程土建及水电安装工程竣工结算为例,编制竣工结算成果文件。(工程竣工图纸及施工合同、招标清单、工程施工过程中发生的变更、签证、索赔资料、竣工结算书可扫码获取。)

**竣工结算
编制案例**

习　题

一、单项选择题

1.下面选项中属于工程结算准备阶段应包括的工作内容的是(　　)。

A.收集、归纳、整理与工程结算相关的编制依据和资料

B.审核人对初步成果文件进行复核

C.编写编制说明

D.按施工合同约定,计算工程变更、现场签证及工程索赔费用

2.下面选项中不属于工程结算编制阶段应包括的工作内容的是(　　)。

A.按施工合同约定的工程计量、计价方式计算分部分项工程工程量、措施项目及其他项目的工程量,并对分部分项工程项目、措施项目和其他项目进行计价

B.编写编制说明,计算和分析主要技术经济指标

C.编制人、审核人、审定人分别在成果文件上署名并签章

D.按施工合同约定,计算工程变更、现场签证及工程索赔费用

3.下列关于工程结算编制方法的描述中,正确的是(　　)。

A.采用单价方式的,在合同约定风险范围内的综合单价应固定不变,工程量应按合同约定实际完成应予计量的工程量确定,并应对合同约定可调整的内容及超过合同约定范围的风险因素进行调整

B.采用总价方式的,结算时合同价款不可调整

C.采用单价方式的,结算时单价不可调整

D.采用工程量清单单价方式计价的,材料暂估单价应按投标时的报价结算

4.下列关于工程结算编制方法的描述中,不正确的是(　　)。

A.采用工程量清单单价方式计价的工程结算,分部分项工程费应按施工合同中的工程量计量,并应按施工合同约定的综合单价计价

B.工程变更引起已标价工程量清单项目或其工程数量发生变化时,项目单价应按现行国家标准的相关规定进行调整

C.材料暂估单价、设备暂估单价应按发承包双方确认的价格在对应的综合单价中进行调整

D.发包人提供的工程材料、设备价款应扣除

5.下列选项中,不属于工程量清单单价方式计价的进度款支付申请表中应包括的内容的是(　　)。

A.本期申请期末累计已完成的工程价款

B.分部分项工程和单价措施项目清单计价表

C 本期结算完成的工程价款

D.本期应支付的工程价款

6.下列不属于竣工结算费用组成内容的是(　　)。

A.分部分项工程费

B.规费

C.其他项目费

D.预备费

7.关于竣工结算,下列说法不正确的是(　　)。

A.分部分项工程按招标文件提供的工程量清单进行结算

B.安全文明施工费应按国家或省级、行业建设主管部门的规定计算,不得作为竞争费用

C.计日工按发包人实际签证确认的事项计算

D.现场签证费用按发承包双方签证资料确认的金额计算

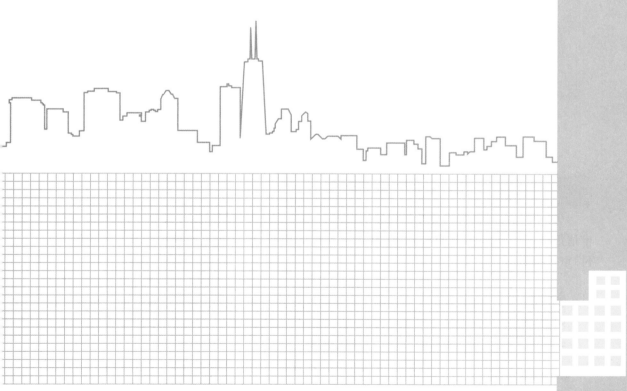

模块六

工程结算的审查

GONGCHENG JIESUAN DE SHENCHA

内容提要

　　根据《建设工程价款结算暂行办法》，竣工结算书编制完成后，需提交发包人，由其审查(政府投资项目，由同级财政部门审查)确认才能有效。发包人在收到承包人提出的工程竣工结算书后，自己或委托具有相应资质的工程造价咨询人对结算书进行审查，并按合同约定的时间提出审查意见，作为办理竣工结算的依据。

　　竣工结算审查的目的在于保证竣工结算的合法性和合理性，正确反映工程所需的费用。经审核的竣工结算才具有合法性，才能得到正式确认，才能成为发包人与承包人支付结算款项的有效经济凭证。

知识目标

　　掌握竣工结算审查的编制方法与内容，了解期中结算的审查。

能力目标

　　能依法依规对工程竣工结算进行正确、全面的审查。

素质目标

　　1. 培养学生诚实守信、尽职尽责的工作态度。
　　2. 培养学生廉洁自律的工作作风。
　　3. 培养学生良好的职业道德和行为规范，让学生自觉接受国家和行业自律性组织对其职业道德行为的监督检查。

任务1　期中结算审查

　　(1) 发包人应自行或委托工程造价咨询企业对承包人编制的期中结算(合同价款支付)申请报告进行审查，提出审查意见，确定应支付的金额，出具相应的期中结算(合同价款支付)审核报告。

期中结算审查

　　(2) 期中结算审查时，审查人应将承包人的工程变更、现场签证和已得到发包人确认的工程索赔款及其他相关费用纳入审查范围。当发承包双方就工程变更、现场签证及工程索赔等价款出现争议时，审查人应将无争议部分的价款计入期中结算。

　　(3) 经发承包双方签署认可的期中结算计算成果，应作为竣工结算编制与审核的组成部分，不应再重新对该部分工程内容进行计量计价。

（4）当往期已支付合同价款的已完工程中存在缺陷，且不符合施工合同的约定时，缺陷相关工程价款可在当期期中结算中先行扣减。

（5）采用工程量清单单价方式计价的期中结算（合同价款支付）审核报告成果文件包括下列内容：

① 封面；

② 签署页；

③ 审核说明；

④ 期中结算（合同价款支付）核准表；

⑤ 预付款支付核准表；

⑥ 进度款支付核准表；

⑦ 其他必要的表格。

任务 2　竣工结算审查

6.2.1　竣工结算审查概述

1. 竣工结算审查的依据

竣工结算审查需严格遵守国家、行业主管部门及其项目所在省市的有关法规、规范，具体结合发承包合同及施工过程中双方确认的有关文件进行，其主要依据如下。

（1）法律法规：《建设工程价款结算暂行办法》《最高人民法院关于审理建设工程施工合同纠纷案件适用法律问题的解释（一）》《中华人民共和国审计法》《中华人民共和国建筑法》《中华人民共和国民法典》《中华人民共和国招标投标法》及其他适用法规等。

竣工结算审查

（2）技术规范：《建设工程工程量清单计价规范》。

（3）合同范本：《建设工程施工合同（示范文本）》。

（4）施工承包合同文件。

（5）项目所在省市制定的有关竣工结算审查的办法、细则等。

工程造价咨询人接受委托进行竣工结算审查时，还应依据咨询服务委托合同及行业主管部门制定的有关标准、办法与规程进行审查。

2. 竣工结算审查的内容

竣工结算审查的基本目的在于通过审查承包人报送的竣工结算文件（竣工结算书及竣工结算资料），合理确定发承包双方的竣工结算价并以其作为竣工结算支付的依据。

竣工结算审查的内容一般包括以下三个方面。

（1）竣工结算资料审查，主要是审查承包人报送的竣工结算文件是否完整、规范。

（2）竣工结算编制依据审查，主要是确定竣工结算编制依据是否合法、有效、适用。

（3）竣工结算内容审查，主要是审查确定竣工结算价的组成、竣工结算价是否正确合理，通过全面审查对竣工结算价进行增减调整，并说明原因。

6.2.2　竣工结算审查前期工作准备

1. 熟悉结算审查标的及审查目的

竣工结算审查小组（或接受委托的工程造价咨询人）应先熟悉竣工结算审查的范围与具体内容，明确审查目的，主要需熟悉以下具体内容：①工程项目的性质（如是否是政府投资项目）、工程建设实施概况；②施工发包方式及合同类型、结算计价方式；③竣工结算审查范围等。

工程造价咨询人接受委托进行审查时，除应了解上述内容外，还应熟悉委托咨询服务合同书的条款（咨询合同标的、范围、期限、方式、目标要求、资料提供、协作事项、收费标准、违约责任等），了解竣工结算审查委托单位的审查目的。不同的结算审查委托单位有不同的审查目的：发包人委托进行的竣工结算审查的主要目的在于合理确定工程造价以作为结算支付的依据；政府投资项目中同级财政部门委托进行的竣工结算审查的主要目的在于合理确定造价，提高财政资金的使用效益，通过严格把关对建设资金结算进行核准。

2. 接收送审的竣工结算资料

完整的竣工结算资料是结算审查的重要条件。竣工结算审查小组（或工程造价咨询人）获取完整的竣工结算资料是准备阶段的基础性工作，主要需完成以下工作内容。

（1）竣工结算审查小组应编制详细的竣工结算资料清单，与承包人送审的竣工结算资料进行核对，要求对方补充缺失项（若由工程造价咨询人具体负责审查时，应向委托方开列出资料清单，由对方组织、提供）。建设工程竣工结算资料清单如表6-1所示。竣工结算审查小组（或工程造价咨询人）开列的资料清单可结合具体结算审查范围、内容及要求进行选择。

表 6-1　建设工程竣工结算资料清单

序号	资料名称	序号	资料名称
1	竣工结算审查委托合同书	7	开工许可证、竣工验收合格证、工程竣工验收单及质量等级评定书、竣工报告
2	施工合同文件和有关协议	8	工程招投标过程与施工过程中的往来文件、图纸及图纸会审记录
3	招投标文件和中标通知书（如为招标项目）	9	施工组织设计或施工方案（应明确具体的施工现场情况和施工工艺）及其报审表
4	工程结算书（工程量甲乙双方的认可，甲乙双方负责人签字，编制人签名，并注明造价员、造价工程师证号）	10	工程索赔相关资料
5	各级批文复印件，如可研报告和批复、申请立项书和批复，设计、规划、土地、计划等部门的审批文件	11	变更通知单、工程停工报告、监理指令
6	经审查批准的施工竣工图（严格按照国家、行业规范与标准绘制）和有关签证资料	12	施工记录、原始票据、形象进度及现场照片

续表

序号	资料名称	序号	资料名称
13	有关定额(清单)、费用调整的文件规定	21	建设单位供料明细表、需要核实的单位采购的材料凭证
14	隐蔽工程施工记录、验收文件	22	国家、省市有关单位颁发的有关规定、通知、细则和规定等
15	各种设备材料合格证,出厂试验报告,材料设备供应情况及加工订货合同(或确认价)	23	国家、省市有关单位颁发的现行定额或补充定额、现行相关取费标准或费用定额
16	工地运输距离及地形比例表,材料二次运输路径示意图(运输记录)	24	现行地区材料预算价格、项目所在地工资标准及机械台班费用标准
17	设计变更签证表(工程内容清楚表述)	25	施工单位取费资质证明文件
18	工程现场签证单(工程内容清楚表述)	26	与结算审查相关各单位联系人姓名、地址、电话
19	工程量计算表、工地运输工程量计算表	27	其他有关资料
20	工程领料单和退料单		

(2)工程造价咨询人进行竣工结算审查时,要与委托方进行结算资料移交,并办理移交登记手续或回执。

3.熟悉竣工结算资料

竣工结算审查小组(或工程造价咨询人)全面熟悉已经获得的竣工结算资料,主要目的在于对发承包双方的交易及其工程实施状况进行整体把握,对影响结算造价较大的因素形成初步判断,对尚未涉及资料进行详细审查。在此,需要重点关注以下资料:①施工合同文件和有关协议;②工程结算书;③已标价的工程量清单;④经审查批准的施工竣工图;⑤施工组织设计或施工方案;⑥变更通知单及签证;⑦工程索赔相关资料;⑧隐蔽工程施工记录及验收文件等。

4.现场勘验

现场勘验即在熟悉竣工结算资料并初步掌握工程结算审查重点与难点的基础上,实地勘验工程现场,并形成现场勘验的记录文件。需要了解的基本情况主要有以下方面:①竣工结算审查工程的实施概况(如工程现场条件、施工范围及内容、合同段界面、建设标准等);②竣工结算审查的项目是否符合结算基本条件;③结算工程量与工程实体形象对比、变更工程的实地对比查验、隐蔽工程的具体工程内容调查、占总造价比例较大的工程实体概况了解等。

现场勘验在整个竣工结算审查期间如有必要可重复进行。现场勘验应该有竣工结算审查委托方或发包人、承包人及监理人等多方共同参与,竣工结算审查小组应至少派两名专业人员参加。最终形成的记录文件应由参与各方签字确认。

5.补充资料收集与整理

结合承包人送审的竣工结算资料及现场勘验的记录文件等,竣工结算审查小组(或工程造价咨询人)应进行补充资料的收集、整理与熟悉。此类资料主要包括以下两类。

(1)需要补正的有关资料。应自行整理或由承包人送审的资料不够全面或部分资料存在内容缺失、错误的,应提请有关方限期补正。

(2) 收集结算审查必需的依据性资料、文件。竣工结算审查小组组织人员收集建设工程竣工结算审查所需的一般性文件、规程、办法等,以及项目所在地有关部门发布的地方性规章,作为结算审查实施环节的工作依据(要特别关注依据性资料的时效性)。应收集的资料:①国家或项目所在省、自治区、直辖市价格部门或统计部门提供的价格指数、市场价格信息调查资料等;②《建设工程工程量清单计价规范》;③《建设工程施工合同(示范文本)》;④《建设工程价款结算暂行办法》;⑤地方性规章;⑥《建设项目工程结算编审规程》;⑦《建设项目全过程造价咨询规程》;⑧《建设工程造价咨询业务操作指导规程》;⑨其他有关竣工结算编制依据的相关资料,可参见《建设项目工程结算编审规程》。

6.2.3　竣工结算审查的实施

1.竣工结算资料审查

对竣工结算资料进行审查是竣工结算审查实施环节的基础性工作。结算资料不充分、不完备必然导致结算内容的要求难以得到有效支持。此处所说的结算资料,主要指承包人或其委托的工程造价咨询单位编报的结算文件及相关资料。对承包人提供的竣工结算资料的审查主要是形式审查,即通过核对表审查资料是否完整。建设工程竣工结算的资料审查记录表如表 6-2 所示。

表 6-2　建设工程竣工结算的资料审查记录表

序号	资料名称	资料要求	是否完备		备注
			是	否	
1	竣工结算书	原件:竣工结算书应有书面与电子文件,各项签署完整,各计算表格齐备			
2	与工程结算有关的合同	原件:合同要素齐全,包括签订日期、法人印鉴、公章、经办人签字等			
3	工程签证单(包括工程变更、图纸会审、隐蔽工程签证等)	原件:签证手续齐全,签证内容一事一签			
4	索赔相关资料(包括索赔意向报告、索赔处理文件、索赔证明材料等)	原件:签证手续齐全			
5	材料价格确认表(包括序号、名称、规格、型号、所用位置、报批价格、审批价格等)	原件:手续要齐全(日期、项目监理人、施工单位、发包人代表等),多页则需编号			
6	计日工有关报表与凭证	原件:手续齐全(施工、监理等签字)			
7	全套竣工图纸	图纸必须复核,盖有竣工图章,人员签字齐全			

续表

序号	资料名称	资料要求	是否完备		备注
			是	否	
8	竣工验收资料	采购合同应有甲方验收单或交货单,交接应有交接单			
9	期中结算相关资料	监理、财务等签字			
10	招标文件、投标文件、中标通知书等	原件			
11	专业分包合同等	原件			
12	地质勘察报告	原件			
13	批复的工程投资文件(包括立项文件、政府批文、领导批示、建设单位申请、重要事项会议纪要、开工报告)	原件或复印件			

2.竣工结算编制依据审查

竣工结算编制依据选择的合法性、合理性直接关系到结算文件编制的合理性与准确性。审查人一般通过审查竣工结算书的"编制说明"对编制依据进行审查。竣工结算编制依据的审查内容及具体要求如表 6-3 所示。

表 6-3　竣工结算编制依据的审查内容及具体要求

序号	审查内容	具体要求
1	合法性审查	(1) 建设工程竣工结算编制的依据必须经过国家和行业主管部门批准,符合国家的编制规定,未经批准的不能采用; (2) 建设工程竣工结算编制依据必须符合发承包合同的各组成文件,不得与其相互矛盾; (3) 在施工过程中的各种合法的签证、有关凭证或证明文件等可作为竣工结算编制的依据
2	时效性审查	各种建设工程竣工结算编制依据均应该严格遵守国家及行业主管部门的现行规定,注意是否有调整和新的规定
3	适用范围审查	对各种编制依据的范围进行适用性审查,如不同投资规模、不同工程性质、专业工程是否具有相应的依据;工程所在地的特殊规定、材料价格信息的具体采用

3.竣工结算内容审查

竣工结算内容审查主要是对分部分项工程费(需审查分部分项工程结算工程量与分部分项工程结算单价)、措施项目费、其他项目费、规费及税金等相关的竣工结算费用进行全面审查,从而对竣工工程的结算价款的确定进行全面的合理性审核。

1) 审查分部分项工程费

由于分部分项工程费$=\sum$分部分项工程量$\times$(相应的)结算单价,分部分项工程费的审查必须在完成对分部分项工程量及其相应的结算单价的审查之后才能够就结算的分部分项工程费的合理性得出审查结论。分部分项工程费计算表如表6-4所示。

表 6-4　分部分项工程费计算表

序号	项目编码	项目名称	项目特征描述	计量单位	工程量	金额/元		
						综合单价	合价	其中暂估价
本页小计								
合　计								

注:为计取规费等,可在表中增设"其中:定额人工费"

（1）分部分项工程量的审查。本部分主要是对竣工结算工程的分部分项工程量的计量条件、计量内容、计算结果等进行审查,从而与竣工结算书中的相应工程量进行对比,以确定应予结算计量的分部分项工程量。

① 分部分项工程量审查的主要依据。分部分项工程量的审查对象和主要审查依据如表6-5所示。

表 6-5　分部分项工程量的审查对象和主要审查依据

审查目的	审查对象	主要审查依据
确定分部分项工程量	竣工结算书、施工图纸、竣工图纸;监理工程师的工程验收单;经确认的中期结算书的工程计量文件;已标价的工程量清单等	工程施工承包合同文件;投标报价文件;《建设工程工程量清单计价规范》;《建设工程施工合同(示范文本)》;地方性计量或计价规则等

② 分部分项工程量审查的要点。建设工程项目竣工结算审查对分部分项工程量审查的要点如下。

第一,审查竣工结算工程是否符合结算计量的基本条件,即审查竣工结算工程是否为施工承包合同范围内的工程,是否已经竣工并经监理人验收合格。符合上述条件的工程才能计量工程量,否则应对该部分工程量予以核减,如设计变更增加工程量却未经约定和签证的不能计入,施工方高估冒算和非建设方原因增加的工程量不能认可。

第二,审查竣工结算工程工程量计量的资料是否充分,即审查结算工程的施工图纸、竣工图纸、监理人验收单、施工方编制的中期结算书、竣工结算书相关表格等是否齐备,以及各资料间能否相互佐证、是否一致。

第三,审查施工方编报的竣工结算书中清单项目的设置、编号是否与清单规范及招标文件中相应内容统一。

第四,审查竣工结算工程量的计量是否符合合同约定的计量规则(如《建设工程工程量清单计算规范》),即审查工程量计量的范围、单位、公式、计算等是否正确。

第五,审查清单项目缺项而又属于合同范围内的工程量计量是否符合合同约定,各种计量文件是否经发承包方及监理方确认。

审查人通过上述要点的全面审查,对结算工程的各分部分项工程量高估冒算的进行核减,对漏算的进行核增,并说明原因,形成工程量审查的阶段性文件,完成工程量审查记录。

（2）分部分项工程结算单价审查。本部分主要对照承包人投标报价文件中所报综合单价并结合项目施工过程中的各种单价调整确认文件进行结算单价的合理性审查,审查的重点是对需要调整的单价的审查。

① 结算单价审查依据。分部分项工程的结算单价的审查对象和主要审查依据如表6-6所示。

表 6-6　分部分项工程的结算单价的审查对象和主要审查依据

审查内容	审查对象	主要审查依据
确定分部分项工程的结算单价	竣工结算书;结算工程具体综合单价调整的各种会商与确认文件;结算工程具体综合单价调整的合理性证明文件;承包人的投标报价文件;已标价工程量清单等	工程施工承包合同有关单价约定条款;投标报价文件;《建设工程工程量清单计价规范》;国家及地方性计价（调价）办法、造价管理部门发布的价格信息

② 结算单价审查的基本原则。

第一,对未变更单价的审查应遵循以下原则:主要审查结算单价是否与承包人投标报价文件中所填报的单价相符,工程项目内容没有发生变化的,仍应套用原单价。

第二,对变更单价的审查应遵循以下原则:①合同中已有适于变更工程、新增工程单价的,按已有的单价结算;②合同中有类似变更工程、新增工程单价的,可以将类似单价作为结算依据;③合同中无适用或类似变更工程、新增工程单价的,承包人或监理人提出适当价格,经发包人确认后作为结算依据;④对于结算工程量与已标价工程量清单中的工程量的变化幅度在合同约定幅度（一般规定为10%）以外且影响分部分项工程费超过0.1%时,结算单价为承包人依据综合单价调整程序提出并经发包人确认的综合单价。

③ 结算单价审查的要点。

第一,对未变更单价的审查主要是对比承包人投标报价单上所填报的单价与结算单价的一致性,对不一致的地方进行纠正。

第二,对变更或调整单价的审查是此项审查工作的重点。审查人应严格遵循施工合同条款的有关规定、《建设工程施工合同（示范文本）》和《建设工程工程量清单计价规范》等有关原则,依据发承包双方协调的确认结果,重点审查单价变更原因、调整单价依据、双方会商确认的书面文件的一致性,对合理的单价变更或调整进行审查。通过上述合理性审查的综合单价才能作为结算单价被采用。

审查人通过上述具体细节的审查,形成有关竣工结算单价审查的审查记录,对不合理的结算单价进行调整并注明原因。

审查人可以在完成分部分项工程结算工程量与结算单价审查的基础上,汇总计算出合理的分部分项工程费,与承包方编报的竣工结算分部分项工程费进行对比,对其不合理的部分进行调整,并形成分部分项工程费的审查记录。

2）审查措施项目费

措施项目按是否可计算工程量具体分两类:一类是可以计算工程量的措施项目;另一类是不能计算工程量的措施项目,以"项"为计量单位（见表6-7）。

表 6-7　不能计量工程量的措施项目清单

序号	项目编码	项目名称	计算基础	费率/(%)	金额/元	调整费率/(%)	调整后的金额/元	备注
		安全文明施工费						
		夜间施工增加费						
		二次搬运费						
		冬雨季施工增加费						
		已完成工程及设备保护费						
		合计						

注:1.“计算基础”中,安全文明施工费可为“定额基价”“定额人工费”或“定额人工费＋定额机械费”,其他项目可为“定额人工费”或“定额人工费＋定额机械费”。

　　2.按施工方案计算的措施费,若无“计算基础”和“费率”的数值,也可只填“金额”的数值,但应在备注栏说明施工方案出处或计算方法。

　　对适合以综合单价计价的措施项目的措施项目费进行结算审查的审查内容、要点、依据等可以参考前述有关分部分项工程费审查的相关步骤。以“项”为计量单位的措施项目的措施项目费主要按照有关规定的计算基础与费率计取,主要审查计算基础及费率的确定依据是否合理、合法,计算结果是否准确等。审查人应在此基础上形成措施项目费审查结论,完成措施项目费的审查记录。

　　需要特别注意的是,措施项目清单中的安全文明施工费应审查计取是否按照国家或省级、行业建设主管部门的规定计价,不得作为竞争性费用。

　　3)审查其他项目费

　　其他项目费主要包括计日工、暂估价、总承包服务费、索赔费用、现场签证费用、暂列金额等费用。因此,竣工结算审查其他项目费时主要在于审查上述费用确定的合理性。

　　(1)其他项目费的审查依据。其他项目费的审查对象和主要审查依据如表 6-8 所示。

表 6-8　其他项目费的审查对象和主要审查依据

审查内容	审查对象	主要审查依据
其他项目费	竣工结算书;施/竣工图纸;竣工验收单;期中支付凭证;监理人核发的各种计量证书;已标价工程量清单;计日工签证及承包人编报经监理审核的有关资料;材料暂估价及专业工程暂估价有关单价或金额调整确认文件;工程索赔相关证明资料;现场签证单等	施工合同文件有关取费、变更、签证、索赔、调价相关条款;投标报价文件;《建设工程工程量清单计价规范》;《建设工程施工合同(示范文本)》;国家及地方性计价(调价)办法,如《建筑安装工程费用组成》等

　　(2)其他项目费的主要审查内容。

　　① 计日工费用审查:主要通过审查工程施工过程中经发包人确认的签证数量及承包投标报价文件中所报的计日工综合单价,核查计日工费用汇总额的合理性,对错误或不准确部

分进行调整。

②暂估价审查：审查暂估价清单表中所列的材料、专业工程是否经招标采购；招标采购的材料或专业工程，应审查核对中标价；招标采购的材料的单价应按中标价在综合单价中调整，招标采购的专业工程以中标价计算；以非招标方式采购的材料或专业工程，以发承包双方最终确认的价格在综合单价中调整或计算。

③总承包服务费审查：通过审查合同条款中的有关约定或双方的调整确认文件，计算金额。

④索赔费用审查：竣工结算审查过程中的重点与难点。

第一，审查索赔的基本要求：①提出索赔必须以合同为依据；②提出索赔必须有发承包双方认可的签字；③提出索赔方必须有实际损失；④索赔费用计取符合国际或国内标准。

第二，审查索赔费用的要点。工程索赔费用的审查，包括对索赔资料完备性、索赔处理程序、责任归集、索赔费用计算等进行全面审查，以核定索赔费用的真实性、合法性与准确性。审查要点主要有以下几点。

a.审查索赔事件发生证明材料的完整性与充分性，即审查索赔方提交的记录和证明材料是否真实、完整，必要时可要求承包人提交全部原始记录副本或现场踏勘取证。

b.审查索赔程序的合法性，即审查索赔事件的处理是否按照合同文本约定的具体程序进行。

c.审查索赔提出及处理的时效性。在发承包双方签订的工程施工合同文本中具体约定的时限内提出索赔或进行处理才可能使索赔成立；否则，将使索赔方自动失去合法权益的追偿。

d.审查索赔事件的责任归集的合理性，即根据合同条件及其风险分担方案审查索赔事件发生后的责任划分是否符合合同条件及建设工程实施惯例。

e.审查索赔费用计算的依据是否合理、计算结果是否准确，最终形成对该项目工程结算的索赔费用审核结论，进行费用核定并形成工程索赔费用结算审查记录。

⑤现场签证费用审查：主要审查在合同约定时间内经发承包人双方确认的现场签证数量和现场签证费用。对于没有签证或手续不全的，审查人应将其费用项核减。

⑥暂列金额审查：主要是对暂列金额差额或余额进行审查，即合同价款中的暂列金额在用于各项价款调整、索赔与现场签证后，若有余额，则余额归发包人，若出现差额，则由发包人补足并反映在相应的工程竣工结算价款中。

审查人通过上述各种其他项目费的具体组成内容的审查，形成相应的审查结论并完成其他项目费审查记录。

4）规费与税金的审查

因规费和税金应按国家或省级、行业建设主管部门的规定计算，不得作为竞争性费用，其审查主要是核对各项规费、税金的计取原则是否符合国家或省级、行业建设主管部门对规费和税金的计取和计算标准的有关规定，结果是否正确。对于规费和税金的计取与计算不正确、不合理的地方，审查人应在竣工结算中应予以纠正，并形成相关审查结论，完成审查记录。

4.编制竣工结算审查书

编制竣工结算审查书主要是在前一工作步骤的各种竣工结算审查记录的基础上进行竣工结算审查书（初稿）的编制。若由工程造价咨询人负责竣工结算审查实施，工程造价咨询人应结合工程造价咨询服务的有关规程,在小组内部及公司进行多层次的审核;发包人自行审查时也可参照执行。

（1）主要工作依据。工程造价咨询人在编制竣工结算审查书时,需要参照多种工作依据,如表6-9所示。

表6-9　竣工结算审查书编制的主要工作依据

工作内容	主要依据
竣工结算审查书编制	竣工结算分部分项工程费审查记录;竣工结算措施项目费审查记录;竣工结算其他项目费审查记录;竣工结算规费与税金审查记录;竣工结算编制（咨询）服务委托合同;《建设项目工程结算编审规程》;《建设工程工程量清单计价规范》等

（2）竣工结算审查书的编制内容。竣工结算审查小组根据竣工结算审查实施的阶段形成的各种结算审查记录,经过各项费用汇总,编制竣工结算审查书初稿,如表6-10所示。

表6-10　竣工结算审查书的编制内容

序号	组成内容	具体要求或详细内容
1	竣工结算审查书封面	包括工程名称、审查单位名称、工程造价咨询单位执业章、日期等
2	签署页	包括工程名称、审查编制人、审定人姓名和执业（从业）印章、单位负责人印章（或签字）
3	竣工结算审查报告	主要包括概述、审查范围、审查原则、审查依据、审查方法、审查程序、审查结果、主要问题、有关建议等
4	竣工结算审查相关表格	主要包括竣工结算审定签署表;竣工结算审查汇总对比表;单项工程竣工结算审查汇总对比表;单位工程竣工结算审查汇总对比表;分部分项工程竣工结算审查对比表;其他相关表格
5	相关附件	

（3）竣工结算审查书的内部审核。按照工程造价咨询人内部生产管理办法及工程造价咨询业务操作指导规程等要求,项目组完成竣工结算审查书编制后,需要对其进行"两校三审",即编制人自查、复核人复查、小组审核、部门审核、公司审核等以保证咨询服务成果的质量。其中,只有按上述次序顺利通过审核,才能够提交上一级审核,若审核未能通过则应继续完善成果文件再次提请审核,直到最终成果在公司内得以完全审核通过。

（4）竣工结算审查书的成果形式。竣工结算审查书是工程造价咨询人完成咨询服务,最终向委托方提交的主要成果文件。

6.2.4　竣工结算审查收尾

1. 主要工作内容

本阶段是竣工结算审查的最后阶段,主要的工作内容包括竣工结算审查方复核、检查竣工结算审查书的有关结论及内容,出具正式的审查结论供承包人确认,作为双方完成竣工结算办理的直接依据。具体工作内容如下。

（1）竣工结算审查小组完成对竣工结算审查书各组成文件的复核、检查，并对其中存在问题的内容予以调整，完善竣工结算审查书。若直接实施审查的为发包人委托的工程造价咨询人，则应依据咨询服务委托合同完成相关的成果文件完善工作。

（2）发包人确认竣工结算审查书，并正式向承包人出具竣工结算审查结论。

（3）承包人在合同约定时间内研究发包人的竣工结算审查结论及其具体内容，决定是否接受其审查结论。

（4）双方签字确认，竣工结算办理完成；承包人不接受发包人的审查结论，进入造价纠纷处理程序。

2．有关规定

依据《建设工程价款结算暂行办法》《建设工程工程量清单计价规范》等文件，工程竣工结算的审查须遵守以下几项具体规定。

1）竣工结算审查的时间

（1）发包人出具竣工结算审查结论应依据发承包双方合同约定的时间完成，若无具体约定，应依据表 6-11 所示的具体时间完成。其中，若发包人委托工程造价咨询人进行竣工结算审查，也必须在上述时间范围内完成，否则可依据《最高人民法院关于审理建设工程施工合同纠纷案件适用法律问题的解释（一）》规定办理，承包人递交的竣工结算可视为已被认可。

表 6-11　不同资金规模的竣工结算审查时间

工程竣工结算报告金额	审查时间
500 万元以下	从收到竣工结算报告和完整的竣工结算资料之日起 20 天内
500 万元～2000 万元	从收到竣工结算报告和完整的竣工结算资料之日起 30 天内
2000 万元～5000 万元	从收到竣工结算报告和完整的竣工结算资料之日起 45 天内
5000 万元以上	从收到竣工结算报告和完整的竣工结算资料之日起 60 天内

（2）承包人在收到发包人的审查结论后，在合同约定时间内，不确认也未提出异议的，视为发包人提出的审查意见已被认可，竣工结算办理完毕。

2）竣工结算审查完成的标志

依据《建设工程工程量清单计价规范》的规定，发承包双方签字确认标志着竣工结算审查的完成，其确认的结果作为双方办理工程价款结算的依据。此后，发包人不得要求承包人与另一个或多个工程造价咨询人重复核对（审查）竣工结算。

6.2.5　竣工结算审查的有关要求

竣工结算审查对发承包双方最终清算工程价款、顺利办理项目移交有重要的影响，发包人或接受委托的工程造价咨询人在进行竣工结算审查时应遵循以下基本要求。

（1）严禁采用抽样审查、重点审查、分析对比审查和经验审查的方法，避免审查疏漏现象发生。

（2）应审查竣工结算文件和竣工结算资料的完整性和符合性。

（3）按施工发承包合同约定的计价标准或计价方法进行审查。

（4）合同未做约定或约定不明的，审查人可参照签订合同时当地建设行政主管部门发布的计价标准进行审查。

（5）审查人应对工程竣工结算内多计、重列的项目进行扣减，对少计、漏项的项目进行调增。

（6）对于工程竣工结算与设计图纸或事实不符的内容，审查人应在掌握工程事实和真实情况的基础上进行调整（工程造价咨询人受托进行审查时，对于工程竣工结算审查中发现的工程竣工结算与设计图纸或事实不符的内容，应约请各方履行完善的确认手续）。

（7）由总承包人分包的工程竣工结算的内容与总承包合同主要条款不符的，审查人应按总承包合同约定的原则进行审查。

（8）工程竣工结算审查文件应采用书面形式，有电子文本要求的应采用与书面形式内容一致的电子版本。

（9）工程竣工结算审查的编制人、校对人和审核人不得由同一人担任。

习　题

一、单项选择题

1.下面选项中关于工程结算审查要求的描述中不正确的是（　　）。

A.工程价款结算审查工程的施工内容按完成阶段分类，其形式包括竣工结算审查、分阶段结算审查、合同中止结算审查和专业分包结算审查

B.建设项目是由多个单项工程或单位工程构成的，审查人应按建设项目划分标准的规定分别审查各单项工程或单位工程的竣工结算，将审定的工程结算汇总，编制相应的工程结算审查成果文件

C.合同中止工程应按发包人和承包人合同中约定的工程量和施工合同的有关规定进行结算审查；合同中止结算审查方法与竣工结算的审查方法基本相同

D.专业分包工程的结算审查，应在相应的单位工程或单项工程结算内分别审查各专业分包工程结算，并按分包合同分别编制专业分包工程结算审查成果文件

2.下面选项中不属于工程结算审查编制阶段应包括的工作内容的是（　　）。

A.审核工程结算手续的完备性，工程结算送审资料的完整性、相关性、有效性，对不符合要求的应予退回，并应对资料的缺陷提出书面意见及要求，限时补正

B.审核工程结算范围、结算节点与施工合同约定的一致性

C.审核人工费、材料费、机具台班费价差调整的合约性和合规性

D.新增工程量清单项目的综合单价中消耗量测算以及组价的合约性、合规性、准确性

3.下列选项中，不属于工程量清单单价方式计价的期中结算（合同价款支付）审核报告成果文件应包括的内容的是（　　）。

A.期中结算（合同价款支付）核准表

B.预付款支付核准表

C.进度款支付核准表

D.总价措施项目清单计价审核对比表

4.下面选项中不属于工程结算审查定稿阶段应包括的工作内容的是( )。

A.由工程结算审核部门负责人对工程结算审查的初步成果文件进行检查校对

B.在竣工结算审查过程中,对竣工结算审核结论有分歧的,应召开由发包人、承包人以及接受发包人委托审查的工程造价咨询企业等相关各方共同参加的会商会议,形成会商纪要,并进行合理调整

C.编制人、审核人、审定人分别在审查报告上署名并签章

D.发包人、承包人以及接受委托的工程造价咨询单位共同签署确认结算审定签署表,在合同约定的期限内,提交正式工程结算审查报告

5.下面选项中有关工程竣工结算审查时间不正确的是( )。

A.单项工程竣工后,承包人应按规定程序向发包人递交竣工结算报告及完整的结算资料,工程竣工结算报告金额为500万元以下的工程,发包人应从收到竣工结算报告和完整的竣工结算资料之日起20天内进行核对(审查),并提出审查意见

B.单项工程竣工后,承包人应按规定程序向发包人递交竣工结算报告及完整的结算资料,工程竣工结算报告金额为500万元~2000万元的工程,发包人应从收到竣工结算报告和完整的竣工结算资料之日起30天内进行核对(审查),并提出审查意见

C.单项工程竣工后,承包人应按规定程序向发包人递交竣工结算报告及完整的结算资料,工程竣工结算报告金额为2000万元~6000万元的工程,发包人应从收到竣工结算报告和完整的竣工结算资料之日起45天内进行核对(审查),并提出审查意见

D.单项工程竣工后,承包人应按规定程序向发包人递交竣工结算报告及完整的结算资料,工程竣工结算报告金额为6000万元以上的工程,发包人应从接到竣工结算报告和完整的竣工结算资料之日起60天内进行核对(审查),并提出审查意见

6.下列关于期中结算审查的描述中,不正确的是( )。

A.发包人应自行或委托工程造价咨询企业对承包人编制的期中结算(合同价款支付)申请报告进行审核,提出审查意见,确定应支付的金额,出具相应的期中结算(合同价款支付)审核报告

B.期中结算审查时,审查人应将承包人的工程变更、现场签证和已得到发包人确认的工程索赔金额及其他相关费用纳入审查范围;发承包双方就工程变更、现场签证及工程索赔等价款出现争议时,审查人应将无争议部分的价款计入期中结算

C.经发承包双方签署认可的期中结算计算成果,应作为竣工结算编制与审查的组成部分,如双方达成一致可再重新对该部分工程内容进行计量计价

D.当往期已支付合同价款的已完工程中存在缺陷,且不符合施工合同的约定时,缺陷相关工程价款可在当期期中结算中先行扣减

参 考 文 献

[1] 中华人民共和国住房和城乡建设部.GB 50500—2013 建设工程工程量清单计价规范[S].北京:中国计划出版社,2013.

[2] 中华人民共和国住房和城乡建设部.GF—2017—0201 建设工程施工合同(示范文本)[S].北京:中国建筑工业出版社,2017.

[3] 《标准文件》编制组.中华人民共和国标准施工招标文件(2007 年版)[M].北京:中国计划出版社,2007.

[4] 中华人民共和国住房和城乡建设部、财政部.建设工程价款结算暂行办法[Z].2004-10-20.

[5] 韩雪.工程结算[M].北京:中国建筑工业出版社,2020.

[6] 胡晓娟.工程结算[M].重庆:重庆大学出版社,2015.

[7] 张立杰.工程结算[M].北京:中国人民大学出版社,2021.

[8] 梁鸿颉,李晶.工程价款结算原理与实务[M].2 版.北京:北京理工大学出版社,2020.

[9] 邓文辉.建设工程计量与支付实务[M].北京:中国建筑工业出版社,2022.